建筑工程CAD制图教程

（第2版）

主　编　范幸义

副主编　李承静　何清清

参　编　邹　娟　张永荐　刘　璐

重庆大学出版社

内容提要

本书以应用 AutoCAD 2016 中文版软件为工具,以实际操作为重点,介绍了建筑类专业中的计算机辅助设计与计算机绘图实际操作,并应用 AutoCAD 2016 的基本绘图、图形编辑、文字标注、图层管理、实用命令、尺寸标注、图案、图块和形等操作命令来绘制建筑类专业的建筑施工、建筑结构、建筑电气和建筑给排水的工程施工图。

本书可作为高等职业教育建筑工程技术、工程造价、建设工程管理、建设工程监理、市政工程技术等专业的教学用书,还可以作为建筑类相关专业本科教学用书及建筑类工程技术人员的参考用书。

图书在版编目(CIP)数据

建筑工程 CAD 制图教程/范幸义主编.—2 版.—
重庆:重庆大学出版社,2019.1(2024.8 重印)
ISBN 978-7-5689-1088-0

Ⅰ.①建… Ⅱ.①范… Ⅲ.①建筑制图—AutoCAD 软
件—教材 Ⅳ. ①TU204.1-39

中国版本图书馆 CIP 数据核字(2018)第 161094 号

建筑工程 CAD 制图教程
(第 2 版)

主 编 范幸义
副主编 李承静 何清清
策划编辑:刘颖果
责任编辑:陈 力 版式设计:刘颖果
责任校对:谢 芳 责任印制:赵 晟

*

重庆大学出版社出版发行
出版人:陈晓阳
社址:重庆市沙坪坝区大学城西路 21 号
邮编:401331
电话:(023) 88617190 88617185(中小学)
传真:(023) 88617186 88617166
网址:http://www.cqup.com.cn
邮箱:fxk@ cqup.com.cn(营销中心)
全国新华书店经销
重庆升光电力印务有限公司印刷

*

开本:787mm×1092mm 1/16 印张:17.5 字数:417 千
2019 年 1 月第 2 版 2024 年 8 月第 16 次印刷
印数:44 501— 47 500
ISBN 978-7-5689-1088-0 定价:45.00 元

前　言

　　工程制图与识图是工程技术人员和工程类专业学生必须掌握的基本技能,而计算机绘制工程图纸更是现代工程技术人员必备的基本技能。目前,全世界流行的计算机绘图技术是利用计算机绘图软件 AutoCAD 作为计算机绘图平台,应用 AutoCAD 的绘图和图形编辑等实用命令来实现计算机绘制工程图纸。掌握 AutoCAD 绘图应用技术既是现代工程技术人员、工程类专业学生必备的工作技能,又是建筑类工程人员和建筑类专业学生必须掌握的工作技能。

　　本书为原书的修订版(第 2 版),以应用 AutoCAD 2016 中文版软件为工具,以实际操作为重点,介绍了建筑类专业中的计算机辅助设计与计算机绘图实际操作,并应用 AutoCAD 2016 的基本绘图、图形编辑、文字标注、图层管理、实用命令、尺寸标注、图案、图块和形等操作命令来绘制建筑类专业的建筑施工、建筑结构、建筑电气和建筑给排水的工程施工图。

　　本书教学总学时为 68 学时。其中,教师讲授加课堂现场演示为 30 学时,学生课堂练习加作业 30 学时,集中实训练习 8 学时。

　　本书任务 1 由重庆房地产职业学院邹娟编写;任务 2、任务 3、任务 6 由重庆房地产职业学院范幸义编写;任务 4 由重庆房地产职业学院刘璐编写;任务 5、任务 7 由重庆房地产职业学院李承静编写;任务 8 由重庆房地产职业学院范幸义、张永荐编写;任务 9、任务 10 由重庆房地产职业学院何清清编写。全书由范幸义统稿和定稿。

　　本书可作为高等职业教育建筑工程技术、工程造价、建设工程管理、建设工程监理、市政工程技术等专业的教学用书,还可以作为建筑类相关专业本科教学用书及建筑类工程技术人员的参考用书。由于作者水平有限,书中错误及疏漏在所难免,敬请读者谅解。

编　者

2017 年 6 月

目　录

任务1　计算机绘图软件基本操作

1.1　计算机绘制工程图的基本概念及应用软件

应用计算机绘图是通过一种计算机绘图软件来达到绘图的目的。所谓计算机绘图，顾名思义就是利用计算机来绘制图形。那么，计算机绘图是怎样的呢？先来看一看人工绘图的操作过程。人工绘图要有纸、笔和绘图工具。例如在纸上画一条直线，要借助直尺或丁字尺；画一个圆要借助圆规。而计算机绘图是利用一个已经设计好的绘图软件，这个软件启动时有一个绘图环境，或者说有一个绘图平台，在这个绘图环境下，它也有"纸"（图层），也有"笔"（鼠标和键盘），也有绘图工具（各种绘图命令），人们用各种绘图命令来画图，这就是计算机绘图的基本概念。

因此，选用什么样的绘图软件尤为重要。目前世界上公认的绘图软件是 AutoCAD，它使用快捷、方便、灵活，是计算机绘图的良好工具。

1.2　AutoCAD 2016 软件简介

AutoCAD（Auto Computer Aided Design）是由美国 Autodesk（欧特克）公司于 1982 年开发的自动计算机辅助设计软件，用于二维绘图、详细绘制、设计文档和基本三维设计，现已成为国际上广为流行的绘图工具。AutoCAD 具有良好的用户界面，通过交互菜单或命令行方式便可以进行各种操作。它的多文档设计环境可以让非计算机专业人员也能很快地学会使用，在不断实践的过程中更好地掌握它的各种应用和开发技巧，从而不断地提高工作效率。AutoCAD 具有广泛的适应性，它可以在各种操作系统支持的微型计算机和工作站上运行。

1982 年 11 月出现了 AutoCAD 1.0 版本，至今已发行 33 个版本，AutoCAD 2016 操作平台为 Win7/8/8.1/10 操作系统。

1) AutoCAD 2016 软件安装

①双击安装程序，打开程序后注意选择安装说明语言，然后单击"安装"键，如图 1.1 所示。

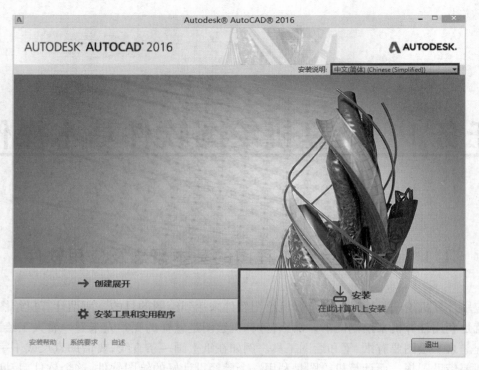

图 1.1　AutoCAD 2016 安装界面图 1

②选择接受安装许可协议,单击"下一步"按钮,如图 1.2 所示。

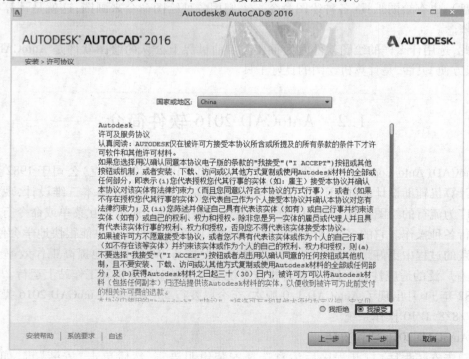

图 1.2　AutoCAD 2016 安装界面图 2

③确定产品语言,选择"许可类型"为单机版,"产品信息"中填写对应的序列号与产品密钥,单击"下一步"按钮,如图1.3所示。

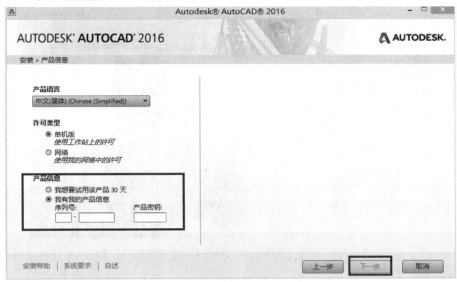

图1.3 AutoCAD 2016 安装界面图3

④在"安装 > 配置安装"中选择你所需要安装的组件,一般可只选择 AutoCAD 2016;选择安装路径,一般默认为 C 盘,也可根据用户自己的磁盘分区装在所需磁盘内;单击"安装"按钮,如图1.4所示。

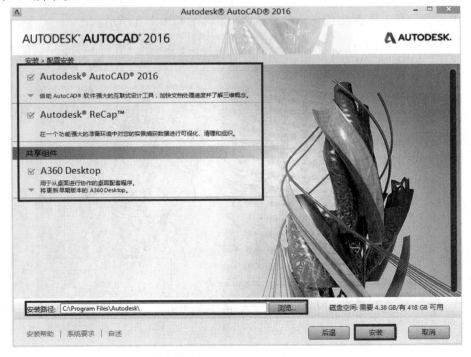

图1.4 AutoCAD 2016 安装界面图4

⑤等待安装完成,如图 1.5 所示。

图 1.5　AutoCAD 2016 安装界面图 5

2) AutoCAD 2016 **软件卸载**

如果确定不再需要 AutoCAD 2016 软件,可以将其从计算机中删除。

①卸载软件时只需找到软件卸载程序,若是 Win8 系统,可直接进入"控制面板"→"程序和功能"中进行卸载。在弹出的对话框中选择"卸载",如图 1.6 所示。

图 1.6　AutoCAD 2016 卸载界面图 1

②确认卸载,则单击"卸载"按钮,如图1.7所示。

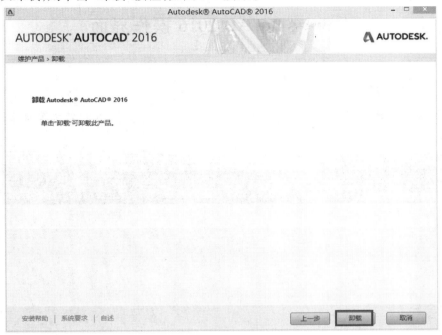

图1.7 AutoCAD 2016卸载界面图2

③等待卸载结束,单击"完成"按钮,结束卸载工作,如图1.8所示。

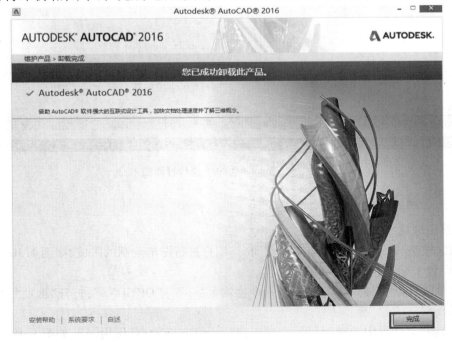

图1.8 AutoCAD 2016卸载界面图3

1.3　AutoCAD 2016 操作界面

1.3.1　标题栏

标题栏能够清楚地反映所打开程序为 AutoCAD 2016、新建图纸的名称等基本情况,如图 1.9 所示。

图 1.9　AutoCAD 2016 操作界面图 1

1.3.2　绘图区

(1)绘图区域

绘图区域是 AutoCAD 的主要工作空间,是用户进行图形绘制的区域,如图 1.10 所示。

(2)设置十字光标的大小和颜色

在菜单区选择"工具"→"选项"或命令栏输入"op"→"OPTIONS",打开"选项"对话框,如图 1.11 所示。

在"选项"对话框中选择"显示"选项卡,将"十字光标大小"设为"5",如图 1.12 所示。

在如图 1.12 所示对话框中,单击"颜色"按钮,打开"图形窗口颜色"对话框,如图 1.13 所示。

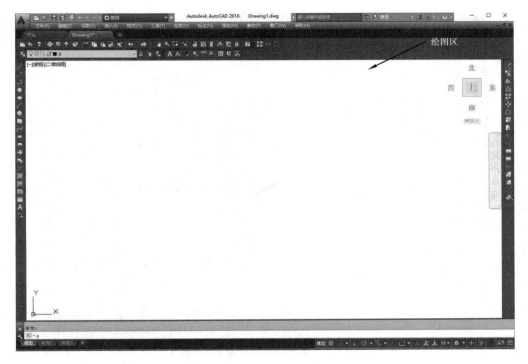

图 1.10　AutoCAD 2016 操作界面图 2

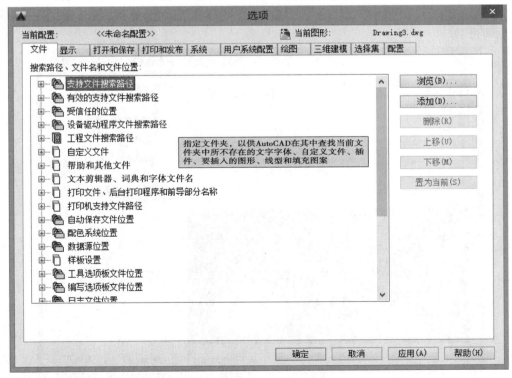

图 1.11　AutoCAD 2016 操作界面图 3

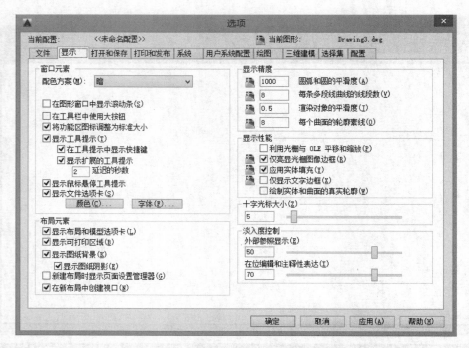

图 1.12　AutoCAD 2016 操作界面图 4

在如图 1.13 所示对话框中的"界面元素"列表框中选中"十字光标",在"颜色"列表框中选中"红色",如图 1.15 所示。(此处还可修改绘图区域背景颜色,选择"统一背景"→选取所需颜色即可。)

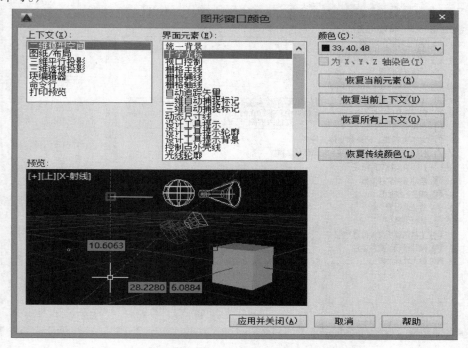

图 1.13　AutoCAD 2016 操作界面图 5

在图 1.13 所示对话框中,单击"应用并关闭(A)"按钮,关闭对话框,进入绘图环境,在绘图环境中显示所设定的光标,如图 1.14 所示。

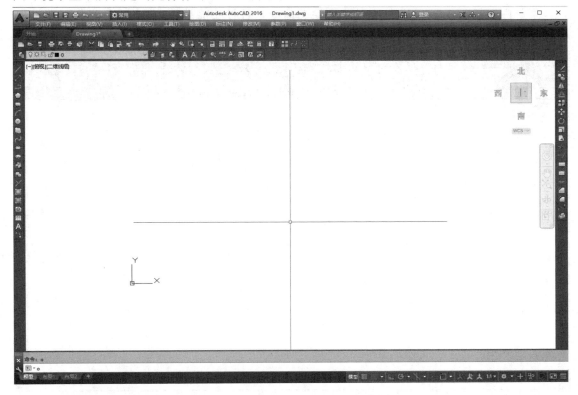

图 1.14 AutoCAD 2016 操作界面图 6

1.3.3 坐标系转换

坐标系的使用如下所述。

在 AutoCAD 中使用的是世界坐标,X 为水平,Y 为垂直,Z 为垂直于 X 和 Y 的轴向,这些都是固定不变的,因此称为世界坐标。世界坐标分为绝对坐标和相对坐标。

(1)绝对坐标(针对原点)

①绝对直角坐标:点到 X,Y 方向(有正、负之分)的距离。输入方法:X,Y 的值,一定要在英文状态下输入。

②绝对极坐标:点到坐标原点之间的距离是极半径,该连线与 X 轴正向之间的夹角度数为极角度数,正值为逆时针,负值为顺时针。输入方法:极半径<极角度数>,一定要在英文状态下输入。

(2)相对坐标(针对上一点来说,将上一点看作原点)

①相对直角坐标:该点与上一输入点之间的坐标差(有正、负之分),相对符号为"@"。输入方法:值,一定要在英文状态下输入。

②相对极坐标:该点与上一输入点之间的距离,该连线与 X 轴正向之间的夹角度数为极角度数,相对符号为"@",正值为逆时针,负值为顺时针,一定要在英文状态下输入。

1.3.4 菜单栏

菜单栏中包含 AutoCAD 2016 的主要绘图命令及各种功能选项,单击任意主菜单即可弹出相应的子菜单,并选择相应选项即可执行该命令,如图 1.15 所示。

图 1.15 AutoCAD 2016 菜单栏操作界面

1.3.5 工具栏

工具栏能直观快捷地找到经常使用的命令与功能选项。

①标准类工具栏:文件的存取、复制粘贴、视图控制等。

②绘图类工具栏:与绘图相关的各种工具栏,如绘图、修改、注释等。

③对象特性类工具栏:图层属性、图层管理等。

根据不同的使用习惯与需求,用户还可以在菜单栏中单击"工具",在下拉菜单中选择"工具栏"→在 AutoCAD 中进行选择。如长期使用的工具类型相同,可在菜单栏单击"工具",在下拉菜单中选择"工作空间"→将当前工作空间另存为→出现"保存工作空间"对话框,填写该空间名称→单击"保存"按钮,下次使用只需切换工作空间即可,如图 1.16 所示。

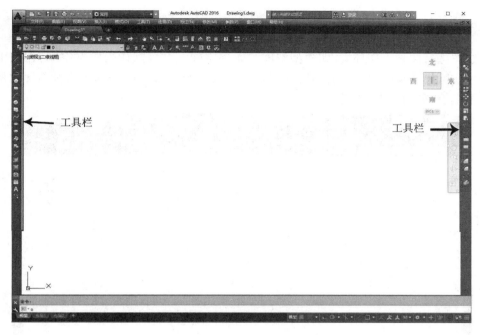

图 1.16 AutoCAD 2016 工具栏操作界面

1.3.6 命令栏

命令栏位于工作界面的最底部,主要显示当前命令的工作状态,提示用户进行相应的命令操作,如图 1.17 所示。

图 1.17 AutoCAD 2016 命令操作界面

1.3.7 布局与模型

在绘图区有两种工作环境,即模型空间与布局空间。系统默认为模型空间,在该工作环境下可按实际尺寸绘制图形。若切换到布局空间,则可将模型空间中的图形按不同比例缩放布置在图纸上,如图 1.18 所示。

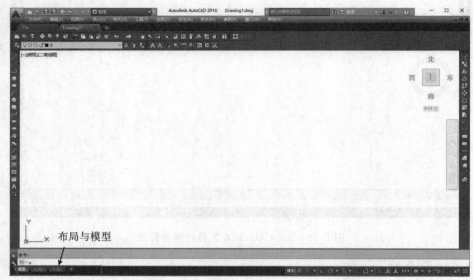

图 1.18 AutoCAD 2016 布局与模型操作界面

1.3.8 状态栏

状态栏包括绘图辅助工具,如捕捉、栅格、正交、对象捕捉、对象追踪、极轴等,如图 1.19 所示。

图 1.19 AutoCAD 2016 状态栏操作界面

1.4　AutoCAD 2016 操作入门

1.4.1　命令操作

1）命令输入方式

在命令行输入命令,以回车键或空格键执行命令(输入过程中直接键入,无须用鼠标单击命令栏)。AutoCAD 2016 自带命令检索功能,在命令输入后可出现多种与输入相关的命令供选择。

2）命令的重复、撤销与重做

①重复上一命令:一个命令完成后再次以回车键或空格键结束命令,如需重复上一命令直接以空格键或回车键进入。

②撤销命令:命令栏输入"U",以空格键或回车键确认,单击鼠标右键选择"放弃"命令,如图 1.20 所示。

在工具栏直接单击撤销图标↩。

③重做:重复操作步骤①和②即可。

1.4.2　文件管理

1）新建文件

执行方式:

工具栏:单击新建文件图标。

菜单栏:单击文件→新建,如图 1.21 所示。

命令栏:输入"NEW"或"Ctrl + N"。

图 1.20　命令列表

图 1.21　AutoCAD 2016 新建文件操作对话框

2)打开文件

打开现有的 AutoCAD 文件的方式如下所述。

工具栏：单击打开文件图标 → 选择需要打开的图形文件。

菜单栏：单击文件→打开→选择需要打开的图形文件，如图 1.22 所示。

命令栏：输入"OPEN"或"Ctrl + O"→选择需要打开的图形文件，如图 1.23 所示。

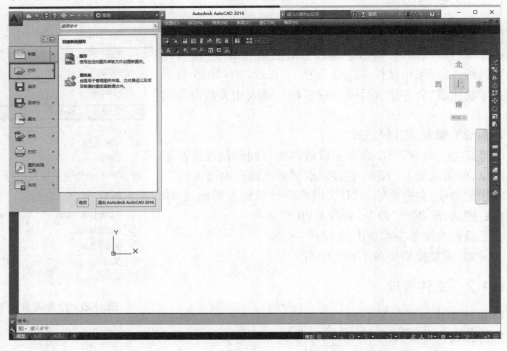

图 1.22　AutoCAD 2016 打开文件操作对话框 1

图 1.23　AutoCAD 2016 打开文件操作对话框 2

3）保存文件

保存文件执行方式如下所述。

工具栏：单击"保存"图标█。

菜单栏：单击"文件"→"保存"，如图1.24所示。

命令栏：输入"QSAVE"（Ctrl + S）。

若是第一次保存，会弹出"保存对话框"确定保存位置与图纸版本。（注：高版本软件兼容低版本图纸，反之不可。）

图1.24　AutoCAD 2016 保存文件操作对话框

4）另存为文件

另存为文件与保存文件的区别：保存文件的每一次保存覆盖之前所保存的图形，而另存为文件每一次"另存"都是建立一个新的图纸。（注：在不确定同一张图纸的两阶段绘图时，建议采用另存为文件。）

执行方式：

工具栏：单击"另存为"█图标。

菜单栏：单击"文件"→"另存为"→确定保存位置与保存版本，如图1.25所示。

快捷键："Ctrl + Shift + S"→确定保存位置与保存版本。

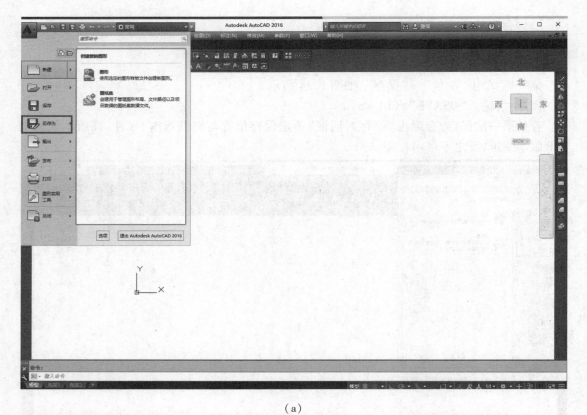

(a)

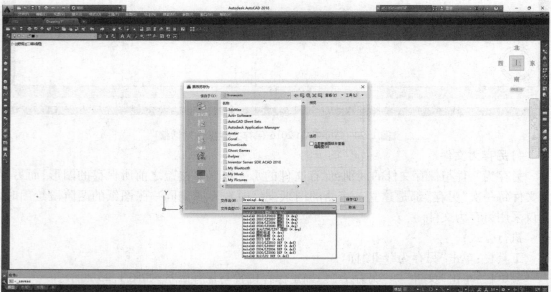

(b)

图1.25 AutoCAD 2016 另存为文件操作对话框

1.5 建筑工程施工图制图要求及规范

1.5.1 图幅、图标及会签栏

图幅即图纸幅面,即指图纸的大小规格。为了便于图纸的装订、查阅和保存,满足图纸现代化管理要求,图纸的大小规格应力求统一。建筑工程图纸的幅面及图框尺寸应符合表1.1的规定。表中数字是裁边以后的尺寸,尺寸代号的意义如图1.26所示。

表1.1 幅面及图框尺寸表

尺寸代号 \ 幅面代号	A0	A1	A2	A3	A4
$b/mm \times l/mm$	$841 \times 1\ 189$	594×841	420×594	297×420	210×297
c/mm	10			5	
a/mm	25				

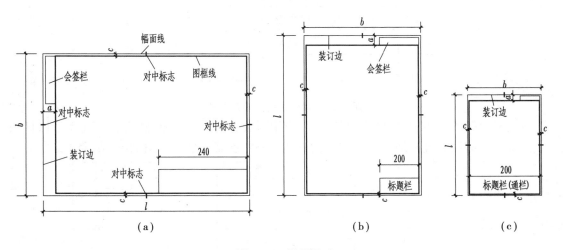

图1.26 图幅格式

图幅分横式(以短边作为垂直边)和立式(以短边作为水平边)两种。从表1.1中可以看出A1号图幅是A0号图幅的对折,A2号图幅是A1号图幅的对折,其余类推,上一号图幅的短边即是下一号图幅的长边。

建筑工程某一个专业所用的图纸应整齐统一,选用图幅时宜以一种规格为主,尽量避免大小图幅掺杂使用。一般不宜多于两种幅面,目录及表格所采用的A4幅面可不在此限。

在特殊情况下,允许A0~A3号图幅按表1.2的规定加长图纸的长边。但图纸的短边尺寸不应加长。有特殊需要的图纸,可采用 $b \times l$ 为841 mm × 891 mm 与 1 189 mm × 1 261 mm 的幅面。

表 1.2　图纸长边加长尺寸表

幅面代号	长边尺寸/mm	长边加长后尺寸/mm
A0	1 189	1 486,1 783,2 080,2 378
A1	841	1 051,1 261,1 471,1 682,1 892,2 102
A2	594	743,891,1 041,1 189,1 338,1 486,1 635,1 783,1 932,2 080
A3	420	630,841,1 051,1 261,1 471,1 682,1 892

图纸的标题栏、会签栏及装订边的位置应按要求格式布置。标题栏的大小及格式如图 1.27 所示。

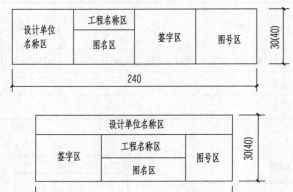

图 1.27　标题栏的大小及格式

会签栏应按图 1.28 所示格式绘制,栏内应填写会签人员的专业、姓名、日期(年、月、日);一个会签栏不够用时可另加一个,两个会签栏应并列;不需要会签的图纸可不设此栏。

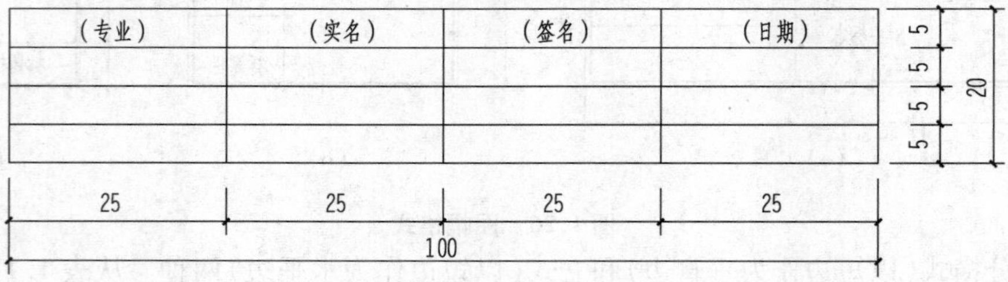

图 1.28　会签栏格式

学生制图作业用标题栏推荐使用图 1.29 所示格式。

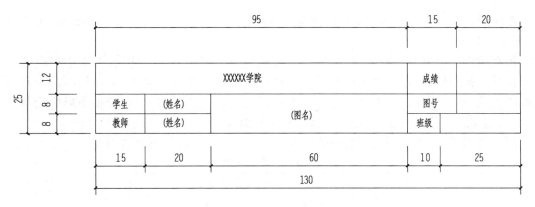

图 1.29 练习用标题栏格式

1.5.2 图线线型要求

任何建筑图样都是用图线绘制而成的,因此,熟悉图线的类型及用途,掌握各类图线的画法是建筑制图最基本的技能。

为了使图样清楚、明确,建筑制图采用的图线分为实线、虚线、单点长画线、双点长画线、折断线和波浪线6类。各类线型的线宽及用途见表1.3。

表 1.3 图线

名　称		线　型	线　宽	一般用途
实线	粗		b	主要可见轮廓线
	中粗		$0.7b$	可见轮廓线
	中		$0.5b$	可见轮廓线、尺寸线、变更云线
	细		$0.25b$	图例填充线、家具线
虚线	粗		b	见各有关专业制图标准
	中粗		$0.7b$	不可见轮廓线
	中		$0.5b$	不可见轮廓线、图例线
	细		$0.25b$	图例填充线、家具线
单点长画线	粗		b	见各有关专业制图标准
	中		$0.5b$	见各有关专业制图标准
	细		$0.25b$	中心线、对称线、轴线等
双点长画线	粗		b	见各有关专业制图标准
	中		$0.5b$	见各有关专业制图标准
	细		$0.25b$	假想轮廓线、成型前原始轮廓线
折断线	细		$0.25b$	断开界线
波浪线	细		$0.25b$	断开界线

图线的基本线宽 b,宜按照图纸比例及图纸性质从下列线宽系列中选取:0.5 mm、0.7 mm、1.0 mm、1.4 mm。

每个图样应根据复杂程度与比例大小,先确定基本线宽 b,再选用表1.4中相应的线宽组。在同一张图纸内,相同比例的各图样应选用相同的线宽组。虚线、单点长画线及双点长画线的线段长度和间隔,宜各自相等。单点长画线或双点长画线,当在较小图形中绘制有困难时,可用实线代替。相互平行的图例线,其净间隙或线中间隙不宜小于0.2 mm。

同一张图纸内,各不同线宽组中的细线可统一采用较细的线宽组的细线。

表1.4 线宽组表

线宽比	线宽组/mm			
b	1.4	1.0	0.7	0.5
$0.7b$	1.0	0.7	0.5	0.35
$0.5b$	0.7	0.5	0.35	0.25
$0.25b$	0.35	0.25	0.18	0.13

需要缩微的图纸,不宜采用0.18 mm及更细的线宽。

图纸的图框和标题栏线,可采用表1.5中所示的线宽。

表1.5 图框和标题栏线的宽度 单位:mm

幅面代号	图框线	标题栏外框线宽度对中标志	标题栏分格线、幅面线
A0、A1	b	$0.5b$	$0.25b$
A2、A3、A4	b	$0.7b$	$0.35b$

1.5.3 尺寸标注

在建筑施工图中,图形只能表达建筑物的形状,建筑物各部分的大小还必须通过标注尺寸才能确定。房屋施工和构件制作都必须根据尺寸进行,因此尺寸标注是制图的一项重要工作,必须认真细致、准确无误,如果尺寸有遗漏或错误,必将给施工造成困难。

注写尺寸时应力求做到正确、完整、清晰、合理。

本节将介绍建筑制图国家标准中有关尺寸标注的一些基本规定。

1)尺寸的组成

建筑图样上的尺寸一般应由尺寸界线、尺寸线、尺寸起止符号和尺寸数字4部分组成,如图1.30所示。

①尺寸界线是控制所注尺寸范围的线,应用细实线绘制,一般应与被注长度垂直;其一端应离开图样轮廓线不小于2 mm,另一端宜超出尺寸线2～3 mm。必要时,图样的轮廓线、轴线或中心线可用作尺寸界线,如图1.31所示。

②尺寸线是用来注写尺寸的,应用细实线绘制,应与被注长度平行,两端宜以尺寸界线为边界,也可超出尺寸界线2～3 mm。图样本身的任何图线均不得用作尺寸线。

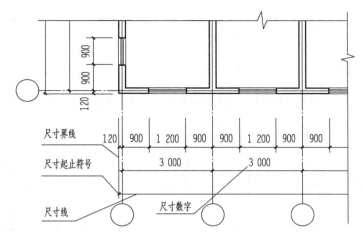

图 1.30 尺寸的组成和平行排列的尺寸

③尺寸起止符号用中粗斜短线绘制,其倾斜方向应与尺寸界线成顺时针45°角,长度宜为2～3 mm。半径、直径、角度和弧长的尺寸起止符号,宜用箭头表示,箭头宽度 b 不宜小于1 mm,如图1.32 所示。

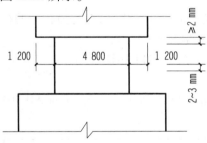

图 1.31 轮廓线用作尺寸界线

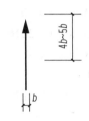

图 1.32 箭头尺寸起止符号

④建筑图样上的尺寸数字是建筑施工的主要依据,建筑物各部分的真实大小应以图样上所注写的尺寸数字为准,不应从图上直接量取。图样上的尺寸单位,除标高及总平面图以米为单位外,其他必须以毫米为单位,图中不需注写计量单位的代号或名称。本书正文和图中的尺寸数字以及习题中的尺寸数字,除有特别注明外,均按上述规定执行。

尺寸数字应依据其读数方向注写在靠近尺寸线的上方中部。如没有足够的注写位置,最外边的尺寸数字可注写在尺寸界线外侧,中间相邻的尺寸数字可上下错开注写,也可引出注写(引出线端部用圆点表示标注尺寸的位置),如图1.33 所示。

图线不得穿过尺寸数字,不可避免时,应将尺寸数字处的图线断开,如图1.34 所示。

图 1.33 尺寸数字的注写位置

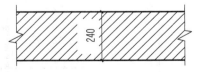

图 1.34 尺寸数字处图线应断开

2)常用尺寸的排列、布置及注写方法

尺寸宜标注在图样轮廓线以外,不宜与图线、文字及符号等相交。相互平行的尺寸线应从被注写的图样轮廓线由近向远整齐排列,较小尺寸应离轮廓线较近,较大尺寸应离轮廓线

较远。图样轮廓线以外的尺寸界线,距图样最外轮廓之间的距离不宜小于 10 mm。平行排列的尺寸线的间距宜为 7~10 mm,并应保持一致。

1.5.4　文字说明

字的大小用字号来表示,字的号数即字的高度,各号字的高度与宽度的关系见表 1.6。

表 1.6　字号表

字　号	20	14	10	7	5	3.5
字　高	20	14	10	7	5	3.5
字　宽	14	10	7	5	3.5	2.5

图纸中常用的字号为 10、7、5 三种。如需书写更大的字,其高度应按 $\sqrt{2}$ 的比值递增。汉字的字高应不小于 3.5 mm。

实训 1

1.1　文件的新建与存储:根据相关知识,完成一个文件新建、保存与另存为的操作。

1.2　启动 AutoCAD 2016 进入操作界面,认知、学习下拉式菜单。

1.3　启动 AutoCAD 2016 进入操作界面,认知、学习快捷图标栏。

1.4　熟悉建筑制图的规范和要求。

1.5　已知 D 盘上有一个图形文件 aa. dwg ,如图 1.35 所示。启动 AutoCAD 2016 打开图形文件 aa. dwg,并用文件名 bb. dwg 另存在 D 盘上。

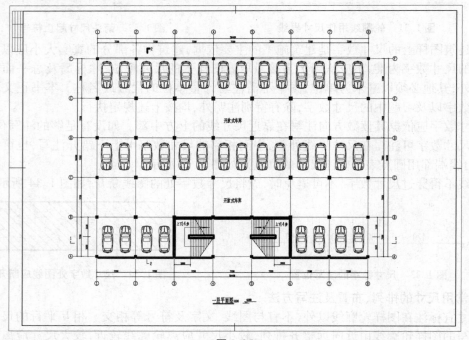

图 1.35

任务 2　计算机基本绘图

本任务讨论 AutoCAD 2016 的绘图操作。AutoCAD 2016 的绘图是通过绘图命令来实现的，可以用不同的命令来绘制不同的图形。

2.1　点、线类命令

1)绘点命令

绘点以前,要设置点的式样,也就是点的绘图形式。单击下拉菜单中"格式"→"点的式样",弹出"点样式"对话框,在对话框中选择点的式样,如图 2.1 所示。点的式样设定后,可以用以下方式画点。

工具栏:绘图工具栏→点。

下拉菜单:绘图→点。

命令行:POINT ↵

功能:绘制二维或三维点。

操作格式:单击相应的菜单项、工具栏按钮或输入命令"POINT"后回车。提示:

当前点模式:　PDMODE = 0　PDSIZE = 0.0000

指定点:(使用鼠标或键盘输入绘制点)

【例 2.1】键盘输入画点和通过鼠标画点。

命令:POINT ↵

当前点模式:　PDMODE = 0　PDSIZE = 0.0000

指定点:250,300 ↵

命令:

命令:POINT ↵

当前点模式:　PDMODE = 0　PDSIZE = 0.0000

指定点:(鼠标点取)

命令:

本操作画两个点。

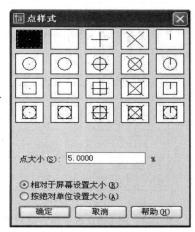

图 2.1　点样式

2)绘直线命令

工具栏:绘图工具栏→直线。

下拉菜单:绘图→直线。

命令行:LINE(L)

功能:绘制二维或三维线段。

操作格式:单击相应的菜单项、工具栏按钮或输入命令"LINE"后回车。提示:

命令:LINE ↵

LINE 指定第一点:

下一点:

下一点:

……

↵

【例2.2】用 LINE 命令结合绝对直角坐标绘制矩形。

命令:LINE ↵

LINE 指定第一点:100,100 ↵

指定下一点或[放弃(U)]:100,500 ↵

指定下一点或[放弃(U)]:1000,500 ↵

指定下一点或[闭合(C)/放弃(U)]:1000,100 ↵

指定下一点或[闭合(C)/放弃(U)]:100,100 ↵

指定下一点或[闭合(C)/放弃(U)]:↵

命令:

上述执行结果如图2.2所示。

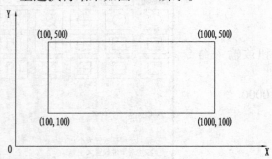
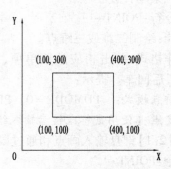

图2.2　用 LINE 命令结合绝对直角坐标绘制矩形　　图2.3　用 LINE 命令结合相对直角坐标绘制矩形

【例2.3】用 LINE 命令结合相对直角坐标绘制矩形。

命令:LINE ↵

LINE 指定第一点:100,100 ↵

指定下一点或[放弃(U)]:@0,200 ↵

指定下一点或[放弃(U)]:@300,0 ↵

指定下一点或[闭合(C)/放弃(U)]:@0,−200 ↵

指定下一点或[闭合(C)/放弃(U)]:@−300,0 ↵

指定下一点或［闭合（C）/放弃（U）］:↵

命令:

上述执行结果如图2.3所示。

【例2.4】用LINE命令结合相对极坐标绘制矩形。

命令:LINE↵

LINE 指定第一点:1000,1000↵

指定下一点或［放弃（U）］:@5000〈90↵

指定下一点或［放弃（U）］:@4000〈0↵

指定下一点或［闭合（C）/放弃（U）］:@5000〈270↵

指定下一点或［闭合（C）/放弃（U）］:@-4000〈0↵

指定下一点或［闭合（C）/放弃（U）］:↵

命令:

上述执行结果如图2.4所示。

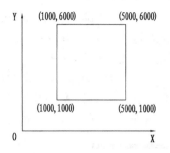

图2.4 用LINE命令结合相对极坐标绘制矩形

说明

①执行绘直线命令并输入起始点的位置后,会在命令提示窗口中提示出现下一点(下一点:),在该提示下输入端点并回车后,提示会继续出现。

②用LINE命令绘出的折线中的每一条线段都是一个独立的对象,即可以对每一条线段进行单独的修改、编辑。

③在绘制连续折线,当某一步输入有错时,在(下一点:)提示下输入"U"即可退回上一步操作。例如:To point:U。可以多次在(下一点:)提示下输入"U",退回多步操作。

④在(下一点:)提示下输入"C",AutoCAD 2016会自动将已绘出的折线封闭并退出本次操作。

⑤当在起点提示(指定第一点:)下回车时,将以上次最后绘出的直线的终点作为当前绘制直线的起点。

3)绘多段线命令

工具栏:绘图工具栏→多段线。

下拉菜单:绘图→多段线。

命令行:PLINE

功能:多段线可以由等宽或不等宽的直线以及圆弧组成,AutoCAD 2016把多段线看成一个单独的对象,用户可以用多段线编辑命令对多段线进行各种修改操作。

操作格式:单击相应的菜单项、工具栏按钮或输入"PLINE"命令后回车。提示:

命令:PLINE

指定起点:

当前线宽为0.0000

指定下一个点或［圆弧（A）/半宽（H）/长度（L）/放弃（U）/宽度（W）］:

下面分别介绍各选项的含义:

①宽度(W)。该选项用来确定多段线的宽度。

指定起点宽度〈当前值〉:(输入一个值或按"Enter"键)

指定端点宽度〈起点宽度〉:(输入一个值或按"Enter"键)

【例2.5】绘制一条100 mm宽的线段。

命令:PLINE↵

指定起点:

当前线宽为0.0000

指定下一个点或[圆弧(A)/半宽(H)/长度(L)/放弃(U)/宽度(W)]:W↵

指定起点宽度<0>:100↵

指定端点宽度<100>:↵

指定下一个点或[圆弧(A)/半宽(H)/长度(L)/放弃(U)/宽度(W)]:<正交 开>

指定下一点或[圆弧(A)/闭合(C)/半宽(H)/长度(L)/放弃(U)/宽度(W)]:↵

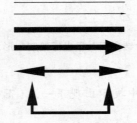

图2.5 绘多段线

命令:

上述执行结果如图2.5所示。

②闭合(C)。选择该选项,AutoCAD 2016从当前点到多段线起始点以当前宽度绘一条直线,以及绘制一条封闭的多段线,然后结束PLINE命令。

③放弃(U)。选择该选项,删除最近一次添加到多段线上的直线段。

④半宽(H)。指定多段线线段的中心到其一边的宽度。

指定起点半宽<当前值>:(输入一个值或按"Enter"键)

指定端点半宽<起点宽度>:(输入一个值或按"Enter"键)

起点半宽将成为缺省的端点半宽,而端点半宽在再次修改半宽之前将作为所有后续线段的统一半宽,并且宽线段的起点和端点位于直线的中心点。

通常,相邻多段线线段的交点将被修整。但在弧线段互不相切、有非常尖锐的角或者使用点画线线型的情况下将不执行修整。

【例2.6】利用PLINE命令绘制综合线条。

命令:PLINE↵

指定起点:

当前线宽为0.0000

指定下一个点或[圆弧(A)/半宽(H)/长度(L)/放弃(U)/宽度(W)]:(鼠标点取)

指定下一点或[圆弧(A)/闭合(C)/半宽(H)/长度(L)/放弃(U)/宽度(W)]:(鼠标点取)

指定下一点或[圆弧(A)/闭合(C)/半宽(H)/长度(L)/放弃(U)/宽度(W)]:(鼠标点取)

指定下一点或[圆弧(A)/闭合(C)/半宽(H)/长度(L)/放弃(U)/宽度(W)]:(鼠标点取)

指定下一点或[圆弧(A)/闭合(C)/半宽(H)/长度(L)/放弃(U)/宽度(W)]:A↵

指定圆弧的端点或

[角度（A）/圆心（CE）/闭合（CL）/方向（D）/半宽（H）/直线（L）/半径（R）/第二个点（S）/放弃（U）/宽度（W）]：（鼠标点取）

指定圆弧的端点或

[角度（A）/圆心（CE）/闭合（CL）/方向（D）/半宽（H）/直线（L）/半径（R）/第二个点（S）/放弃（U）/宽度（W）]：（鼠标点取）

指定圆弧的端点或

[角度（A）/圆心（CE）/闭合（CL）/方向（D）/半宽（H）/直线（L）/半径（R）/第二个点（S）/放弃（U）/宽度（W）]：W↵

指定起点宽度＜0.0000＞:20↵

指定端点宽度＜20.0000＞:↵

指定圆弧的端点或

[角度（A）/圆心（CE）/闭合（CL）/方向（D）/半宽（H）/直线（L）/半径（R）/第二个点（S）/放弃（U）/宽度（W）]：（鼠标点取）

指定圆弧的端点或

[角度（A）/圆心（CE）/闭合（CL）/方向（D）/半宽（H）/直线（L）/半径（R）/第二个点（S）/放弃（U）/宽度（W）]：（鼠标点取）

指定圆弧的端点或

[角度（A）/圆心（CE）/闭合（CL）/方向（D）/半宽（H）/直线（L）/半径（R）/第二个点（S）/放弃（U）/宽度（W）]：（鼠标点取）

指定圆弧的端点或

[角度（A）/圆心（CE）/闭合（CL）/方向（D）/半宽（H）/直线（L）/半径（R）/第二个点（S）/放弃（U）/宽度（W）]：（鼠标点取）

指定圆弧的端点或

[角度（A）/圆心（CE）/闭合（CL）/方向（D）/半宽（H）/直线（L）/半径（R）/第二个点（S）/放弃（U）/宽度（W）]：（鼠标点取）

指定下一点或[圆弧（A）/闭合（C）/半宽（H）/长度（L）/放弃（U）/宽度（W）]：W↵

指定起点宽度＜20.0000＞:40↵

指定端点宽度＜0.0000＞:↵

指定下一点或[圆弧（A）/闭合（C）/半宽（H）/长度（L）/放弃（U）/宽度（W）]：（鼠标点取）

指定下一点或[圆弧（A）/闭合（C）/半宽（H）/长度（L）/放弃（U）/宽度（W）]：W↵

指定起点宽度＜20.0000＞:0↵

指定端点宽度＜0.0000＞:↵

指定圆弧的端点或

[角度（A）/圆心（CE）/闭合（CL）/方向（D）/半宽（H）/直线（L）/半径（R）/第二个点（S）/放弃（U）/宽度（W）]：（鼠标点取）

指定圆弧的端点或

［角度（A）/圆心（CE）/闭合（CL）/方向（D）/半宽（H）/直线（L）/半径（R）/第二个点（S）/放弃（U）/宽度（W）］:（鼠标点取）

指定圆弧的端点或

［角度（A）/圆心（CE）/闭合（CL）/方向（D）/半宽（H）/直线（L）/半径（R）/第二个点（S）/放弃（U）/宽度（W）］:（鼠标点取）

指定圆弧的端点或

［角度（A）/圆心（CE）/闭合（CL）/方向（D）/半宽（H）/直线（L）/半径（R）/第二个点（S）/放弃（U）/宽度（W）］:L↵

指定下一点或［圆弧（A）/闭合（C）/半宽（H）/长度（L）/放弃（U）/宽度（W）］:（鼠标点取）

指定下一点或［圆弧（A）/闭合（C）/半宽（H）/长度（L）/放弃（U）/宽度（W）］:H↵

指定起点半宽 <0.0000>:10↵

指定端点半宽 <5.0000>:0↵

指定下一点或［圆弧（A）/闭合（C）/半宽（H）/长度（L）/放弃（U）/宽度（W）］:（鼠标点取）

指定下一点或［圆弧（A）/闭合（C）/半宽（H）/长度（L）/放弃（U）/宽度（W）］:↵

命令:

本操作将绘出一条多段线,特别是箭头的画法要注意要领。绘制的图形如图 2.6 所示。

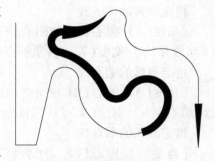

图 2.6　多段线综合图形

4）绘样条曲线命令

工具栏:绘图工具栏→样条曲线。

下拉菜单:绘图→样条曲线（S）。

命令行:SPLINE

功能:通过多点绘一条样条拟合曲线。

操作格式:单击相应的菜单项、工具栏按钮或输入"SPLINE"命令后回车。提示:

命令:SPLINE↵

指定第一个点或［对象（O）］:

指定下一点:

指定下一点或［闭合（C）/拟合公差（F）］<起点切向>:

　⋮

参数:

①对象（O）:用样条拟合的多段线。

②闭合（C）:拟合曲线首尾闭合。

③拟合公差（F）:拟合曲线使用的拟合公差。

【例2.7】绘一条样条曲线。

命令:SPLINE↵

指定第一个点或［对象（O）］:（鼠标点取）

指定下一点：

指定下一点或［闭合（C）/拟合公差（F）］＜起点切向＞：

指定下一点或［闭合（C）/拟合公差（F）］＜起点切向＞：

指定下一点或［闭合（C）/拟合公差（F）］＜起点切向＞：

指定下一点或［闭合（C）/拟合公差（F）］＜起点切向＞：

指定下一点或［闭合（C）/拟合公差（F）］＜起点切向＞：

指定起点切向：↵

指定端点切向：↵

命令：

绘制的样条曲线如图2.7所示。

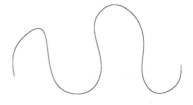

5）绘轨迹线命令

命令行：TRACE

功能：通过多点绘一条轨迹线（绘制指定宽度的线）。

操作格式：

命令：TRACE↵

图2.7　样条曲线

指定等宽线宽度＜当前值＞：指定线宽或按"Enter"键

指定起点：指定点（P1）

指定下一点：指定点（P2）

指定下一点：指定点（P3）或按"Enter"键结束命令

等宽线的端点在等宽线的中心线上，而且总是被剪切成矩形。TRACE命令自动计算连接到邻近线段的合适倒角。AutoCAD 2016直到指定下一线段或按"Enter"键后才画出每条线段。考虑到倒角的处理方式，TRACE命令没有放弃选项。如果以"填充"模式打开，则等宽线是实心的；如果以"填充"模式关闭，则只显示等宽线的轮廓。操作方法类似于直线命令，如图2.8所示。

【例2.8】绘制轨迹线。

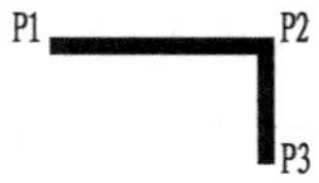

命令：TRACE↵

指定等宽线宽度＜0＞：0.6↵

指定起点：（鼠标点取）

指定下一点：（鼠标点取）

指定下一点：（鼠标点取）

指定下一点：（鼠标点取）

图2.8　绘制轨迹线

指定下一点：↵

命令：

命令：TRACE↵

指定等宽线宽度＜0.6000＞：0↵

指定起点：（鼠标点取）

指定下一点：（鼠标点取）

指定下一点：（鼠标点取）

指定下一点:↵

命令:

命令:TRACE↵

指定等宽线宽度<0>:2↵

指定起点:<正交 开>(鼠标点取)

指定下一点:(鼠标点取)

指定下一点:(鼠标点取)

指定下一点:(鼠标点取)

指定下一点:(鼠标点取)

指定下一点:(鼠标点取)

指定下一点:<正交 关>(鼠标点取)

指定下一点:(鼠标点取)

指定下一点:↵

命令:

绘制的图形如图2.9所示。

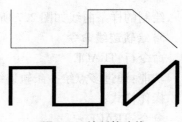

图2.9 绘制轨迹线

6)绘平行线命令

工具栏:绘图工具栏→平行线。

下拉菜单:绘图→多线(M)。

命令行:MLINE

功能:通过多点绘一条平行线。

操作格式:单击相应的菜单项、工具栏按钮或输入"MLINE"命令后回车。提示:

命令:MLINE↵

当前设置:对正=上,比例=20.00,样式=STANDARD

指定起点或[对正(J)/比例(S)/样式(ST)]:

指定下一点:

指定下一点或[放弃(U)]:

指定下一点或[闭合(C)/放弃(U)]:

  ：

参数:

①对正(J)。对正的类型方式有:

输入对正类型[上(T)/无(Z)/下(B)]<上>:

上(T)——中心线的上边;

无(Z)——中心线的中心线上,即没有偏移;

下(B)——中心线的下边。

②比例(S):平行线的宽度比例。

③样式(ST):平行线的样式。

【例2.9】绘制平行线。

命令:MLINE↵

当前设置:对正 = 上,比例 = 20.00,样式 = STANDARD

指定起点或[对正(J)/比例(S)/样式(ST)]:S↵

输入多线比例 < 20.00 > :10↵

指定起点或[对正(J)/比例(S)/样式(ST)]:J↵

输入对正类型[上(T)/无(Z)/下(B)] < 上 > :T↵

当前设置:对正 = 上,比例 = 20.00,样式 = STANDARD

指定起点或[对正(J)/比例(S)/样式(ST)]:(鼠标点取)

指定下一点:(鼠标点取)

指定下一点或[放弃(U)]:↵

命令:

命令:MLINE↵

当前设置:对正 = 上,比例 = 20.00,样式 = STANDARD

指定起点或[对正(J)/比例(S)/样式(ST)]:J↵

输入对正类型[上(T)/无(Z)/下(B)] < 上 > :Z↵

当前设置:对正 = 上,比例 = 20.00,样式 = STANDARD

指定起点或[对正(J)/比例(S)/样式(ST)]:(鼠标点取)

指定下一点:(鼠标点取)

指定下一点或[放弃(U)]:↵

命令:

命令:MLINE↵

当前设置:对正 = 上,比例 = 20.00,样式 = STANDARD

指定起点或[对正(J)/比例(S)/样式(ST)]:J↵

输入对正类型[上(T)/无(Z)/下(B)] < 上 > :B↵

当前设置:对正 = 上,比例 = 20.00,样式 = STANDARD

指定起点或[对正(J)/比例(S)/样式(ST)]:(鼠标点取)

指定下一点:(鼠标点取)

指定下一点或[放弃(U)]:↵

命令:

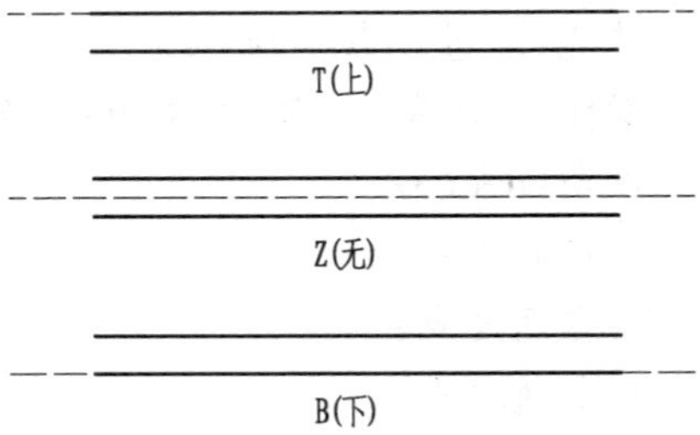

绘制的平行线如图 2.10 所示。注意:使用 C 参数可以让平行自动闭合。

7)绘无限长线与射线命令

(1)绘无限长线命令

工具栏:绘图工具栏→无限长线。

下拉菜单:绘图→构造线(T)。

命令行:XLINE

功能:通过一点绘制无限长直线。

操作格式:单击相应的菜单项、工具栏按钮或输入"XLINE"命令后回车。提示:

命令:XLINE↵

图 2.10 平行线

指定点或[水平(H)/垂直(V)/角度(A)/二等分(B)/偏移(O)]:

指定通过点:

指定通过点:

⋮

参数:

①水平(H):通过一点绘制水平无限长直线。

②垂直(V):通过一点绘制垂直无限长直线。

③角度(A):输入一个角度,通过一点绘制给定角度的无限长直线。

④二等分(B):输入一个角(顶点、起点、终点),绘制通过角平分线的无限长直线。

⑤偏移(O):选择一个对象和偏移量,绘制无限长直线。

【例2.10】绘制无限长直线。

命令:XLINE↵

指定点或[水平(H)/垂直(V)/角度(A)/二等分(B)/偏移(O)]:(鼠标点取)

指定通过点:

指定通过点:

指定通过点:

指定通过点:

指定通过点:↵

命令:

绘制的图形如图2.11所示。

(2)绘射线命令

工具栏:绘图工具栏→射线。

下拉菜单:绘图→射线(R)。

命令行:RAY

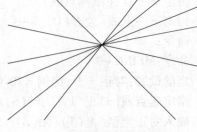

图2.11　无限长直线

功能:通过一点绘制射线。

操作格式:单击相应的菜单项、按钮或输入"RAY"命令后回车。提示:

命令:RAY↵

指定起点:

指定通过点:

指定通过点:

⋮

【例2.11】通过一点绘制射线。

命令:RAY↵

指定起点:(鼠标点取)

指定通过点:(鼠标点取)

指定通过点:(鼠标点取)

指定通过点:(鼠标点取)

指定通过点:(鼠标点取)

指定通过点:(鼠标点取)

指定通过点:(鼠标点取)

指定通过点:(鼠标点取)

指定通过点:(鼠标点取)

指定通过点:(鼠标点取)

指定通过点:↵

命令:

绘制的图形如图2.12所示。

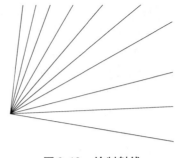

图2.12 绘制射线

2.2 圆、弧类命令

1)绘圆命令

工具栏:绘图工具栏→绘圆。

下拉菜单:绘图→绘圆。

命令行:CIRCLE(CR)

功能:在指定的位置画圆。

操作格式:AutoCAD 2016提供了多种绘圆的方法,下面分别进行介绍。

(1)根据圆心点与圆的半径绘圆

下拉菜单:绘图→绘圆→圆心、半径。

命令:CIRCLE ↵

指定圆的圆心或[三点(3P)/两点(2P)/相切、相切、半径(T)]:用鼠标左键拾取圆心点

指定圆的半径或[直径(D)] <4000 >:输入半径↵

则绘出以给定点为圆心,以输入半径为半径的圆。

(2)根据圆心点与圆的直径绘圆

下拉菜单:绘图→绘圆→圆心、直径。

命令:CIRCLE ↵

指定圆的圆心或[三点(3P)/两点(2P)/相切、相切、半径(T)]:用鼠标左键拾取圆心点

指定圆的半径或[直径(D)] <4000 >:D ↵

指定圆的直径 <8000 >:输入直径↵

则绘出以给定点为圆心,以输入直径为直径的圆。

(3)根据两点绘圆

下拉菜单:绘图→绘圆→两点。

命令:CIRCLE ↵

指定圆的圆心或[三点(3P)/两点(2P)/相切、相切、半径(T)]:2P ↵

指定圆直径的第一个端点:

指定圆直径的第二个端点:

则绘出过这两点,且以这两点之间的距离为直径的圆。

(4)根据三点绘圆

下拉菜单:绘图→绘圆→三点。

(5)绘制与指定的两个对象相切,且半径为给定值的圆

下拉菜单:绘图→绘圆→相切、相切、半径。

命令:CIRCLE↵

指定圆的圆心或[三点(3P)/两点(2P)/相切、相切、半径(T)]:T↵

指定对象与圆的第一个切点:

指定对象与圆的第二个切点:

指定圆的半径<4000>:输入半径↵

则绘出与指定的两个对象相切,且半径为给定值的圆。

注意:半径值不得小于指定的两个相切对象之间距离的一半。

【例2.12】绘出与指定的两个对象相切,且半径为4000的圆。

执行结果如图2.13所示。

(6)绘出与3个对象相切的圆

下拉菜单:绘图→绘圆→相切、相切、相切。

命令:CIRCLE↵

指定圆的圆心或[三点(3P)/两点(2P)/相切、相切、半径(T)]:3P↵

指定圆上的第一个点:_tan 到

指定圆上的第二个点:_tan 到

指定圆上的第三个点:_tan 到

则绘出与3个对象相切的圆。

【例2.13】绘出与指定的3个对象相切的圆。

执行结果如图2.14所示。

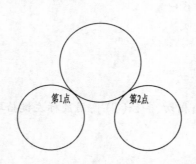

图2.13 绘出与指定的两个对象相切的圆

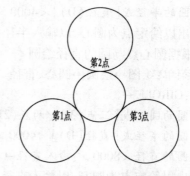

图2.14 绘出与3个对象相切的圆

2)绘圆弧命令

工具栏:绘图工具栏→绘圆弧。

下拉菜单:绘图→绘圆弧。

命令行:ARC

功能:绘制给定参数的圆弧。

操作格式:AutoCAD 2016 提供了多种绘圆弧的方法,下面分别进行介绍。

（1）根据三点绘圆弧

根据三点绘圆弧，即指定圆弧的起点位置、圆弧上的任意一点位置以及圆弧的终点位置，即可绘出过这三点的圆弧。

下拉菜单：绘图→绘圆弧→三点。

命令：ARC ↵

指定圆弧的起点或［圆心（C）］：输入圆弧的起始点（默认项）

指定圆弧的第二个点或［圆心（C）/端点（E）］：

指定圆弧的端点：

则可绘出由已知三点确定的圆弧。

【例2.14】绘出由已知三点确定的圆弧，执行结果如图2.15所示。

（2）根据圆弧的起点、圆心及终点绘制圆弧。

下拉菜单：绘图→绘圆弧→起点、圆心点、端点。

命令：ARC ↵

指定圆弧的起点或［圆心（C）］：C ↵

指定圆弧的起点：

指定圆弧的端点：

命令：

【例2.15】多种方法绘制圆弧。

命令：ARC ↵

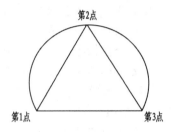

图2.15　绘圆弧

指定圆弧的起点或［圆心（C）］：（鼠标点取起点）

指定圆弧的第二个点或［圆心（C）/端点（E）］：C ↵

指定圆弧的圆心：（鼠标点取圆心）

指定圆弧的端点或［角度（A）/弦长（L）］：A ↵

指定包含角：（输入包含角）

命令：

命令：ARC ↵

指定圆弧的起点或［圆心（C）］：（鼠标点取起点）

指定圆弧的第二个点或［圆心（C）/半径（R）］：（鼠标点取终点）

指定圆弧的［半径（R）］：

命令：

绘制的图形如图2.16所示。

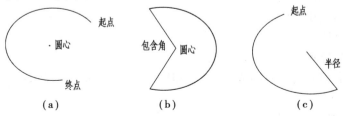

图2.16　多种方法绘制圆弧

3)绘圆环命令

工具栏:绘图工具栏→绘圆环。

下拉菜单:绘图→绘圆环。

命令行:DONUT

功能:在指定的位置画指定内外径的圆环或填充圆(实心圆)。

操作格式:

(1)绘圆环

单击相应的菜单项或输入"DONUT"命令后回车。提示:

命令:DONUT↵

指定圆环的内径<1>:4000　　输入内径↵

指定圆环的内径<1>:4400　　输入外径↵

指定圆环的中心点或<退出>:输入圆环圆心的坐标点或直接用鼠标左键点取。

此时会在指定的中心绘制出指定内外径的圆环,同时AutoCAD 2016会继续提示:

指定圆环的中心点或<退出>:继续输入中心点,会得到一系列相同的圆环。

【例2.16】绘出以指定的中心,不同内径和外径的圆环,执行结果如图2.17所示。

(2)绘填充圆

单击相应的菜单项或输入"DONUT"命令后回车。提示:

命令:DONUT↵

指定圆环的内径<1>:内径输入0↵

指定圆环的内径<1>:外径输入指定值↵

则可绘出填充圆。

【例2.17】绘出以指定中心、不同外径的填充圆,执行结果如图2.18所示。

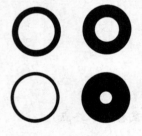

图2.17　绘圆环

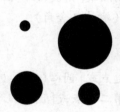

图2.18　绘填充圆

4)绘椭圆及椭圆弧命令

工具栏:绘图工具栏→绘椭圆。

下拉菜单:绘图→绘椭圆。

命令行:ELLIPSE

功能:在指定的位置画椭圆或椭圆弧。

操作格式:单击相应的菜单项或输入"ELLIPSE"命令后回车。提示:

命令:ELLIPSE↵

指定椭圆的轴端点或[圆弧(A)/中心点(C)]:

指定轴的另一个端点:

指定另一条半轴长度或[旋转(R)]:

命令:

参数:

①圆弧(A):绘制椭圆弧。

②中心点(C):输入椭圆的中心点。

③旋转(R):用旋转的方式输入另一半轴。

【例2.18】用两种方法绘制椭圆。

命令:ELLIPSE↵

指定椭圆的轴端点或[圆弧(A)/中心点(C)]:(鼠标点取)

指定轴的另一个端点:

指定另一条半轴长度或[旋转(R)]:

命令:

命令:ELLIPSE↵

指定椭圆的轴端点或[圆弧(A)/中心点(C)]:C↵

指定椭圆的中心点:(鼠标点取)

指定轴的端点:

指定另一条半轴长度或[旋转(R)]:

命令:

绘制的图形如图2.19所示。

【例2.19】绘制椭圆弧。

命令:ELLIPSE↵

指定椭圆的轴端点或[圆弧(A)/中心点(C)]:A↵

指定椭圆弧的轴端点或[中心点(C)]:(鼠标点取)

指定轴的另一个端点:

指定另一条半轴长度或[旋转(R)]:

指定起始角度或[参数(P)]:

指定终止角度或[参数(P)/包含角度(I)]:

命令:

绘制的图形如图2.20所示。

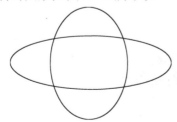

图2.19 绘制椭圆

图2.20 绘制椭圆弧

2.3 形体类命令

1) 绘矩形命令

工具栏:绘图工具栏→绘矩形。

下拉菜单:绘图→绘矩形。

命令行:RECTANG

功能:绘制指定大小及位置的矩形。

操作格式:单击相应的菜单项、工具栏按钮或输入"RECTANG"命令后回车。提示:

命令:RECTANG↵

指定第一个角点或[倒角(C)/标高(E)/圆角(F)/厚度(T)/宽度(W)]:

指定另一个角点或[尺寸(D)]:(指定点或输入 D)

使用长和宽创建矩形,第二个指定点将矩形定位在与第一角点相关的 4 个位置之一内。

指定矩形的长度 <0.0000>:(输入矩形的长度)↵

指定矩形的宽度 <0.0000>:(输入矩形的宽度)↵

指定另一个角点或[尺寸(D)]:指定一个点,移动光标以显示矩形可能的 4 个位置之一并单击需要的一个位置。执行结果详见图 2.21(a)。

倒角(C)设置矩形的倒角距离。

指定矩形的第一个倒角距离 <当前值>:(指定距离或按"Enter"键)

指定矩形的第二个倒角距离 <当前值>:(指定距离或按"Enter"键)

以后执行 RECTANG 命令时,此值将成为当前倒角距离,执行结果详见图 2.21(b)。

圆角(F)指定矩形的圆角半径。

指定矩形的圆角半径 <当前值>:(指定距离或按"Enter"键)

以后执行 RECTANG 命令时,将使用此值作为当前圆角半径,执行结果详见图 2.21(c)。

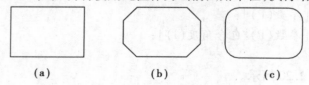

(a)   (b)   (c)

图 2.21 绘矩形

宽度(W)为将要绘制的矩形指定多段线的宽度。

指定矩形的线宽 <当前值>:(指定距离或按"Enter"键)

以后执行 RECTANG 命令时,将使用此值作为当前多段线宽度。

【例 2.20】利用矩形命令绘制一个 2#图框。

命令:RECTANG↵

指定第一个角点或[倒角(C)/标高(E)/圆角(F)/厚度(T)/宽度(W)]:W↵

指定矩形的线宽 <0.0000>:

指定第一个角点或[倒角(C)/标高(E)/圆角(F)/厚度(T)/宽度(W)]:0,0↵

指定另一个角点或[尺寸(D)]:594,420↵

命令:

命令:RECTANG↵

指定第一个角点或[倒角(C)/标高(E)/圆角(F)/厚度(T)/宽度(W)]:W↵

指定矩形的线宽<0.0000>:0.8↵

指定第一个角点或[倒角(C)/标高(E)/圆角(F)/厚度(T)/宽度(W)]:25,10↵

指定另一个角点或[尺寸(D)]:584,410 ↵

命令:

绘制的图形如图2.22所示。

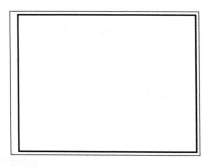

图2.22 绘制2#图框

2)绘正多边形命令

工具栏:绘图工具栏→绘多边形。

下拉菜单:绘图→绘多边形。

命令行:POLYGON

功能:绘等边多边形。

操作格式:AutoCAD 2016 版的 POLYGON 命令,可以用3种方法绘等边多边形,下面分别介绍。

(1)根据多边形的边数及多边形上一条边的两个端点绘正多边形。

通过指定第一条边的端点来定义正多边形。提示:

指定边的第一个端点:(指定点P1)

指定边的第二个端点:(指定点P2)

执行结果如图2.23(a)所示。

(2)定义正多边形中心点(P1)。提示:

输入选项[内接于圆(I)/外切于圆(C)]<当前值>:(输入 I 或 C,或按"Enter"键)

①内接于圆(I)。指定外接圆的半径,正多边形的所有顶点都在此圆周上。提示:

指定圆的半径:(指定点P2 或输入值)

用定点设备指定半径将决定正多边形的旋转角度和尺寸。指定半径值将以当前捕捉旋转角度绘制正多边形的底边。执行结果如图2.23(b)所示。

②外切于圆(C)。指定从正多边形中心点到各边中点的距离。提示:

指定圆的半径:(指定圆的半径)

用定点设备指定半径将决定正多边形的旋转角度和尺寸。指定半径值将以当前捕捉旋转角度绘制正多边形的底边。执行结果如图2.23(c)所示。

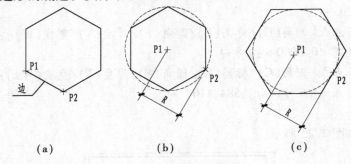

图2.23 绘正多边形

3)绘实体命令

命令行:SOLID

功能:对指定的点所形成的区域进行填充。

操作格式:

命令:SOLID↵

指定第一点:(指定点P1)

指定第二点:(指定点P2)

前两点定义多边形的一边。

指定第三点:(在第二点的对角方向指定点P3)

指定第四点或<退出>:(指定点P4或按"Enter"键)

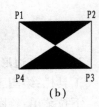

图2.24 域内填充

执行结果如图2.24所示。

说明

①在"第四点"提示下按"Enter"键将创建填充的三角形,指定点(4)则创建四边形区域。

②后两点构成下一填充区域的第一边,AutoCAD 2016将重复"第三点"和"第四点"提示。连续指定第三和第四点,将在一个二维填充命令中创建更多相连的填充三角形和四边形。按"Enter"键结束SOLID命令。

4)绘修订云线命令

命令行:REVCLOUD

功能:绘制一条形状如云彩的云线。

操作格式:

命令:REVCLOUD↵

最小弧长:15 最大弧长:15

指定起点或[弧长(A)/对象(O)]<对象>:A↵

指定最小弧长<15>:50↵

指定最大弧长<15>:100↵

指定起点或[对象(O)]<对象>:

沿云线路径引导十字光标……

修订云线完成,执行结果如图 2.25 所示。

图 2.25 修订云线图

说明

①弧长(A):指定云线的最小弧长和云线的最大弧长。
②对象(O):指定绘制云线是一个对象。

实训 2

2.1 利用基本绘图命令,上机练习如图 2.26 所示的基本图形。使用命令有直线、圆、圆弧、椭圆和椭圆弧。

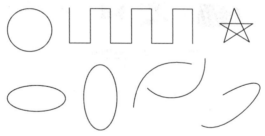

图 2.26 基本绘图练习 1

2.2 利用基本绘图命令,上机练习如图 2.27 所示的基本图形。使用命令有矩形和正多边形,绘制矩形分别使用 C/F/W 参数;绘制正五边形和八边形,用内接圆,绘制正十六边形用外切圆。

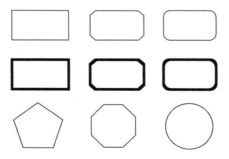

图 2.27 基本绘图练习 2

2.3 利用基本绘图命令,上机练习如图 2.28 所示的基本图形。使用命令有多段线和轨

迹线。绘制多段线要分别使用 A 和 W 参数;绘制轨迹线定义线宽为"30"和"20"。

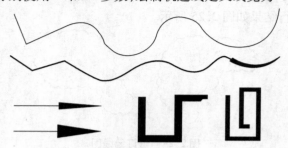

图 2.28　基本绘图练习 3

2.4　利用基本绘图命令,上机练习如图 2.29 所示的基本图形。使用命令有样条曲线、平行线、圆环、填实四边形和修订云线。绘制圆环时,要注意实心圆的绘制;绘制填实四边形时,要注意 4 个顶点坐标的输入。

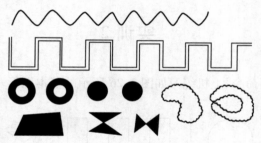

图 2.29　基本绘图练习 4

任务3　图形编辑

本任务是将计算机图形通过复制、修改、改变位置、图案填充、图块等操作来完成对图形的编辑。绘图类命令与编辑类命令的综合运用,不仅可以完成对复杂图形的绘制与编辑,还可以合理安排绘图流程,有效提高工作的效率和绘图的准确率。

3.1　对象选择

3.1.1　对象选择方式

图形对象是指图形的基本元素,即点、线、圆、矩形等图形元素。对象选择是进行图形编辑的前提,是后续工作得以顺利进行的基础,只有被选中的图形才能继续编辑。AutoCAD 2016 提供了多种选择方式,详细介绍如下所述。

（1）执行方式

①点选:用鼠标在图形边缘上点一下即可选择。默认状态下是累加(多)选择,如果想减选,按住"Shift"键,点击图形即可减选。

②框选:用鼠标在视图中点一下,然后移动鼠标到需要的位置再点一下,即可出现一个框,即框选。

③全选:按住"Ctrl + A"键,即可全部选中。

提示

①从左向右框称为窗口式框选,选择框是实线蓝色框,图形必须全部包括在内,才能被选中。

②从右向左框称为交叉式框选,选择框是实线绿色框,只要接触或包围在内的图形,都能被选中。

（2）注意事项

①按"Esc"键取消选择的内容。

②按"Enter"键结束对象选择。

提示

需要用"Shift"键添加到选择集,可在"选项"→"选择集"中勾选对象的选项,如图 3.1 所示。

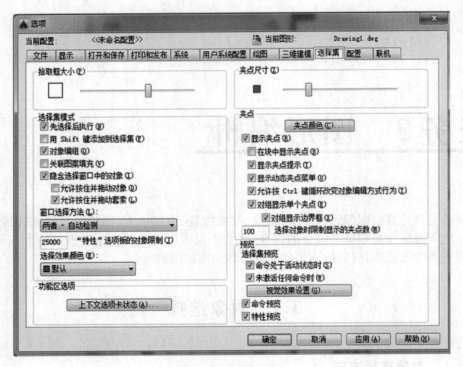

图 3.1　选择对话框

3.1.2　SELECT 选择

操作格式如下：

命令：SELECT ↵

指定对角点或[栏选(F)/圈围(WP)/圈交(CP)]

各参数含义：

①栏选(F)：围线选择方式，绘制一条线段，凡是与线段相交的对象均被选中，如图 3.2 所示。

②圈围(WP)：使用不规则多边形选择对象，全部被选中的对象才能被选择，如图 3.3 所示。

③圈交(CP)：使用不规则多边形选择对象，被选中的或相交的对象均可被选择，如图 3.4 所示。

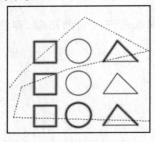

图 3.2　栏选

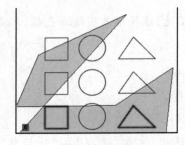

图 3.3　圈围

图 3.4　圈交

3.1.3 快速选择操作

（1）作用

快速选择操作可以快速选择同一类型的对象元素，如圆、直线、椭圆或者多段线等，也可以快速选择同一颜色、图层、线型、材质等。

（2）执行方式

①菜单栏中"工具"→"快速选择"。

②单击鼠标右键，在弹出的菜单中选择"快速选择（Q）..."，如图3.5所示。

③在"特性"（"Ctrl+1"）选项栏中单击"快速选择"按钮，如图3.6所示。

④输入"QSELECT"命令，可快速按颜色、图层、线型等方式选择对象，如图3.7所示。

图3.5　快速选择操作（1）

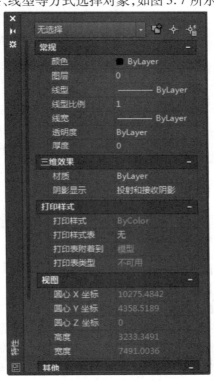

图3.6　快速选择操作（2）

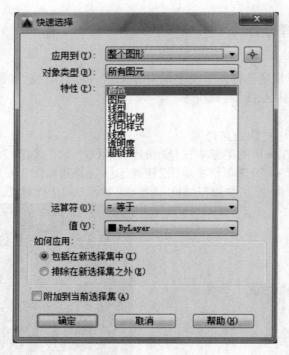

图 3.7　快递选择操作(3)

3.2　删除命令

命令行:ERASE(E)
下拉菜单:修改→删除。
工具栏:修改→删除对象。
功能:用"ERASE"命令可以从图形中删除对象。
操作格式:单击相应的菜单项、工具栏按钮或输入"ERASE"命令后回车。提示:
选择对象:(使用对象选择方式并在结束选择对象时按"Enter"键)
AutoCAD 2016 将从图形中删除对象。这种操作就像用橡皮擦擦掉图形一样方便,并且在图上不会留下任何痕迹。

3.3　恢复命令

命令行:OOPS
功能:用"OOPS"命令可以恢复最后一次使用"ERASE"命令删除的对象。
操作格式:输入"OOPS"命令后回车,即可恢复图中最后一次使用"ERASE"命令删除的对象。"OOPS"命令仅能够恢复一次"ERASE"命令删除的对象。
在进行删除图形对象的操作过程中,如使用者不小心删掉了有用的图形,想要重新得到被删掉的图形,可以使用本命令。

3.4 取消命令

命令行:UNDO

功能:用"UNDO"命令可以取消上一次执行的命令。

操作格式:输入"UNDO"命令后回车,将取消上一次执行的命令。如果连续使用"UNDO"命令,将逐步取消每次执行的命令。

3.5 恢复取消命令

命令行:REDO

功能:用"REDO"命令可以恢复被取消的上一次执行命令。

操作格式:输入"REDO"命令后回车,将恢复被取消的上一次执行命令。

3.6 复制类命令

3.6.1 复制命令

命令行:COPY

下拉菜单:修改→复制。

工具栏:修改→复制(Y)。

功能:将指定的对象复制到指定的位置。

操作格式:单击相应的菜单项、工具栏按钮或输入"COPY"命令后回车。提示:

选择对象:(选取要复制的对象)

选择对象:↵(也可继续选取对象)

(1)给定一点为基点

如果在"〈基点或位移〉/多重(M):"提示下直接输入一点的位置,即执行缺省项,Auto-CAD 2016 提示:

位移第二点:

在此提示下若再输入一点,AutoCAD 2016 将所选取的对象按给定两点确定的位移矢量进行复制。

(2)按位移量复制

如果在"〈基点或位移〉/多重(M):"提示下输入相对于当前点的位移量 delta-X、delta-Y、delta-Z,AutoCAD 2016 提示:

位移第二点:

在此提示下直接回车,AutoCAD 2016 将选定的对象按指定的位移量复制。

（3）多重（M）

该选项表示要对所选对象进行多次复制。选取时 AutoCAD 2016 会提示：

基点：（选取基点）↵

位移第二点：（输入另一点）↵

位移第二点：（再输入一点）↵

位移第二点：（再输入一点）↵

⋮

位移第二点：↵

执行结果：将所选对象按基点与其他点所确定的各个位移矢量进行多次复制。

AutoCAD 2016 不需要 M 参数就可以多次复制。

【例3.1】应用 COPY 命令复制图形对象。

命令：_circle ↵

指定圆的圆心或［三点（3P）/两点（2P）/相切、相切、半径（T）］：（鼠标点取）

指定圆的半径或［直径（D）］：（鼠标拖动）

命令：

命令：COPY ↵

选择对象：找到 1 个

选择对象：↵

指定基点或位移：指定位移的第二点或＜用第一点作位移＞：

指定位移的第二点：

指定位移的第二点：

指定位移的第二点：

指定位移的第二点：

指定位移的第二点：

指定位移的第二点：↵

命令：

本例首先画一个圆，然后进行复制，复制后的图形如图3.8 所示。

【例3.2】应用 COPY 命令复制多个图形对象。

命令：COPY ↵

选择对象：W ↵

指定第一个角点：指定对角点：找到 3 个

选择对象：↵

指定基点或位移：指定位移的第二点或＜用第一点作位移＞：

指定位移的第二点：

指定位移的第二点：↵

命令：

本例用 W 开窗选择多个对象，然后进行复制，复制后的图形如图3.9 所示。

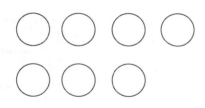

图3.8 圆的复制

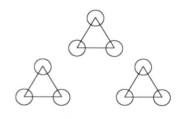

图3.9 多个图形对象的复制

3.6.2 镜像复制命令

命令行:MIRROR

下拉菜单:修改→镜像复制。

工具栏:修改→镜像(I)。

功能:将指定的对象按镜像方式复制到指定的位置。

操作格式:单击相应的菜单项、工具栏按钮或输入"MIRROR"命令后回车。提示:

选择对象:(选取要复制的对象)

选择对象:↵(也可继续选取对象)

指定镜像线的第一点:指定镜像线的第二点:

是否删除源对象?[是(Y)/否(N)]<N>:

参数 Y 表示要删除原来的图形,N 表示不删除原来的图形,默认值是 N。

【例3.3】应用 MIRROR 命令镜像复制多个图形对象。

命令:MIRROR ↵

选择对象:W ↵

指定第一个角点:指定对角点:找到 254 个

选择对象:↵

指定镜像线的第一点:指定镜像线的第二点:<正交 开>

是否删除源对象?[是(Y)/否(N)]<N>:↵

命令:

本例操作后的图形如图 3.10 所示。

【例3.4】应用 MIRROR 命令镜像复制多个图形对象。

命令:MIRROR ↵

选择对象:W ↵

指定第一个角点:指定对角点:找到 1 456 个

选择对象:↵

指定镜像线的第一点:指定镜像线的第二点:

是否删除源对象?[是(Y)/否(N)]<N>:↵

命令:

本例操作后的图形如图 3.11 所示。

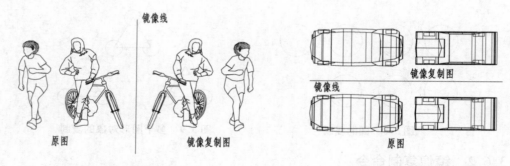

图 3.10　镜像复制 1　　　　　　　　　图 3.11　镜像复制 2

说明

当文字属于镜像的范围时,可以有两种结果:一种为文字完全镜像[图 3.12(b)],显然这不是用户所希望的结果;另一种是文字可读镜像,即文字的外框作镜像,文字在框中的书写格式仍然是可读的[图 3.12(c)]。这两种状态由系统变量"MIRRTEXT"来控制。

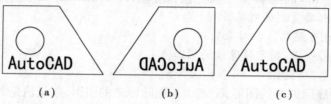

(a)　　　　　　　　(b)　　　　　　　　(c)

图 3.12　用 MIRRTEXT 来控制文字镜像

若系统变量"MIRRTEXT"的值为 1,文字则作完全镜像;若系统变量"MIRRTEXT"的值为 0,文字则按可读方式镜像。

由于系统变量"MIRRTEXT"的初始值为 1,因此要对文字作可读方式的镜像,必须将该变量设置为 0。

3.6.3　阵列复制命令

命令行:RRAY

下拉菜单:修改→阵列。

工具栏:修改→阵列。

功能:按矩形或环形阵列的方式复制指定的对象,即把原对象按指定的格式作多重复制。

操作格式:单击相应的菜单项、工具栏按钮或输入"ARRAY"命令后回车,系统会打开"阵列"对话框,有矩形阵列和环形阵列两个选项,以及选择对象按钮,系统允许用户以矩形或环形的方式阵列。下面分别进行介绍。

1)矩形阵列

若点选"矩形阵列(R)"选项,系统切换为矩形方式阵列选项组,此组选项各项的意义如下:

行数(———)〈4〉:在文本框内输入矩形阵列的行数(包括被复制的对象)。

列数(‖‖‖)〈4〉:在文本框内输入矩形阵列的列数(包括被复制的对象)。

行偏移[———]:该选项要求用户输入矩形阵列的行间距。

列偏移[‖‖‖]:该选项要求用户输入矩形阵列的列间距。

阵列角度[0]：该选项要求用户输入矩形阵列的旋转角度。

选择矩形按钮：该选项要求用户在屏幕上选择一个矩形单元，系统将自动以矩形单元的水平边作为行偏移量、垂直边作为列偏移量进行阵列复制。

拾取行偏移按钮：该选项要求用户在屏幕上选择一个水平距离作为行偏移量。

拾取列偏移按钮：该选项要求用户在屏幕上选择一个垂直距离作为列偏移量。

矩形阵列的使用方法：用户首先输入行数、行偏移，列数、列偏移以及阵列角度，然后按下"选择对象"按钮，选择要阵列的对象，按"确定"键。此时 AutoCAD 2016 会将所选对象按指定的行数、列数以及指定的行间距与列间距进行阵列复制。

说明

当按给定的间距值阵列时，如果行间距为正数，则由原图向上排列；如果行间距为负数，则由原图向下排列。如果列间距为正数，由原图向右排列，反之向左排列。

当按矩形单元阵列时，矩形单元上的两个点的位置以及点取的先后顺序确定了阵列的方式。比如，先点取矩形单元的左上角点，后点取右下角点，则所选对象按向下、向右的方式阵列。

2）环形阵列

若点选"环形阵列（P）"选项，系统切换为环形方式阵列选项组，此组选项各项的意义如下：

中心点：该选项要求用户输入旋转中心点的坐标。

项目数（I）：该选项要求用户输入阵列的个数（包括被复制的对象）。

填充角度（F）：该选项要求用户输入环形阵列的圆心角。正值表示沿逆时针方向阵列，负值表示沿顺时针方向阵列，缺省为沿 360° 的方向阵列。

复制时旋转项目：选择该选项，环形阵列时项目自身旋转，否则不旋转。

说明

在进行环形阵列时，每个对象都取其自身的一个参考点为基点，围绕阵列中心旋转一定的角度。对于不同类型的对象，其参考点的取法亦不同，如下所述：

①直线、样条曲线、等宽线：取某一端点。

②圆、椭圆、圆弧：取圆心。

③块、形：取插入基点。

④文字：取文字定位基点。

⑤多段线、样条曲线：取第一个端点。

【例3.5】对图3.13所示对象分别进行矩形阵列与环形阵列复制。其中矩形阵列要求为3行3列，行间距为"2000"，列间距为"2000"；环形阵列时阵列数为"8"，沿360°方向阵列，阵列中心为圆心点。

操作步骤：

（1）矩形阵列

命令：ARRAY ↵（系统打开阵列对话框）

选择矩形阵列选项组

选择对象：（选取图中的对象）

行数（———）：[3]

列数（｜｜｜）：[3]

行偏移：〔2000〕

列偏移：〔2000〕

按"确认"键,执行结果如图3.13(a)所示。

(2)环形阵列

命令:ARRAY↵(系统打开阵列对话框)

选择环形阵列选项组

选择对象:(选取图中的对象)

中心点:(点取圆心点)

项目数:8↵

填充角度〔360〕

复制时旋转项目:该选项选择

执行结果如图3.13(b)所示。

【例3.6】对图3.14所示直线进行复制,要求每条直线间的夹角为6°,最终的直线与起始直线的夹角为90°,阵列中心为圆心点。

命令:ARRAY↵(系统打开阵列对话框)

选择环形阵列选项组

选择对象:(选取图中的对象)

中心点:(点取圆心点)

项目数:16↵

填充角度〔-90〕

复制时旋转项目:该选项选择

执行结果如图3.14所示。

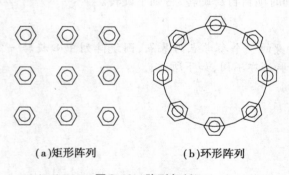

（a)矩形阵列　　　　　（b)环形阵列

图3.13　阵列复制

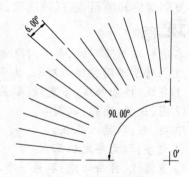

图3.14　扇形阵列复制

【例3.7】利用ARRAY命令进行绘图综合练习。

操作步骤:

①用圆CIRCLE命令和直线LINE命令画两个辅助圆和辅助直线。

②用圆弧ARC命令在第一个圆内画两条弧。

③用直线LINE命令在第二个圆内画8条斜线。

④在"命令:"输入"ARRAY"后弹出"阵列"对话框,填写项目总数为"12",填充角度为"360";点取阵列中心,选取复制对象后单击"确定"按钮进行阵列复制,如图3.15所示。复制后的图形如图3.16(a)所示。

⑤在"命令:"输入"ARRAY"后弹出"阵列"对话框。填写项目总数为"10",填充角度为

"360";选取阵列中心,选取第二个圆内的复制对象后单击"确定"按钮进行阵列复制,如图
3.17所示。复制后的图形如图3.16(b)所示。

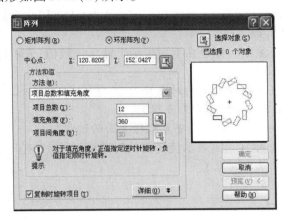

图3.15　环形阵列复制对话框

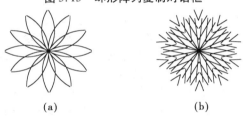

(a)　　　　　　　　　　(b)

图3.16　环形阵列复制绘图

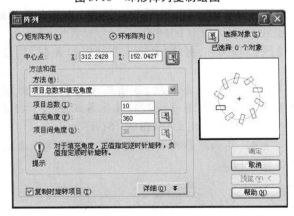

图3.17　环形阵列复制对话框

3.7　偏移命令

命令行:OFFSET

下拉菜单:修改→偏移。

工具栏:修改→偏移。

功能:对指定的线、弧以及圆等对象作同心复制。对于直线而言,由于其圆心为无穷远,因此是平行移动。

操作格式:单击相应的菜单项、工具栏按钮或输入"OFFSET"命令后回车,提示:

偏移距离或通过(T)〈缺省值〉:

有两种方式实现同心复制。如果在上面提示下输入一数值,表示以该值为偏移距离进行复制。此时 AutoCAD 2016 提示:

选择要偏移的对象:(选取欲复制的对象)

哪一边做偏移?:(在欲复制的方向处点取)

选择要偏移的对象:↵(也可以继续重复执行上面的过程)

如果在上面提示下输入"T",则表示使复制的对象通过一点,这时 AutoCAD 2016 提示:

选择要偏移的对象:(选取对象)

通过点:(点取要通过的点)

选择要偏移的对象:↵

说明

①执行"OFFSET"命令时,只能以直接点取的方式选取物体。

②如果用给定距离的方式复制,距离必须大于0。对于多段线,其距离按中心线计算。

③如果给定的距离值不合适,指定所通过点的位置不合适,或指定的对象不能由命令"OFFSET"确认,AutoCAD 2016 会给出相应提示。

④不同的图形对象,对其执行"OFFSET"命令后有不同的结果。

对圆弧进行同心复制后,新圆弧与旧圆弧有同样的中心角,但新圆弧的长度要发生改变,如图 3.18(a)所示。

对圆或椭圆进行同心复制后,新圆、新椭圆与旧圆、旧椭圆有同样的圆心,但新圆的半径或新椭圆的轴长要发生变化,如图 3.18(b)所示。

对线段(LINE)、构造线(XLINE)、射线(RAY)进行同心复制,实际上是对它们进行平行复制,如图 3.18(c)所示。

对多段线进行同心复制,新多段线各线段、各圆弧段的长度要做调整。多段线的两个端点位于旧多段线两端点处的法线方向,新多段线的其他各端点位于旧多段线相应端点两端线段(圆弧为该点的切线方向)的角平分线上,如图 3.18(d)所示。

对样条曲线进行同心复制,其长度和形状要做调整,使新样条曲线的各个端点均位于旧样条曲线相应端点处的法线方向上。

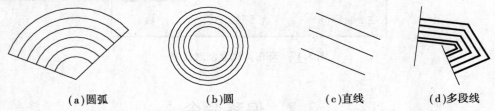

(a)圆弧   (b)圆   (c)直线   (d)多段线

图 3.18   不同的图形对象,对其执行"OFFSET"命令后有不同的结果

3.8　修改类命令

3.8.1　修剪命令

命令行:TRIM

下拉菜单:修改→修剪(T)。

工具栏:修改→修剪。

功能:用修剪边修剪指定的对象(被剪边)。

操作格式:单击相应的菜单项、工具栏按钮或输入"TRIM"命令后回车。提示:

选择剪切边:(投影模式＝UCS,边缘模式＝不延伸)

选择对象:(选取作为修剪边的对象)

选择对象:↵(也可以继续选取对象作为修剪边)

〈选择要修剪的对象〉/投影(P)/边(E)/放弃(U)

上面各选项的含义如下:

(1)〈选择要修剪的对象〉

点取被修剪对象(称为被剪边)的被修剪部分为缺省项。如果直接选取对象,即执行该缺省项,那么 AutoCAD 2016 会用修剪边把所选对象上的点取部分修剪掉。

(2)投影(P)

该选项用来确定执行修剪的空间。执行该选项,AutoCAD 2016 提示:

无(N)/Ucs(U)/视图(V)〈当前空间〉:

①无(N):按三维(不是投影)的方式修剪。显然该选项对只有在空间相交的对象有效。

②Ucs(U):在当前 UCS(用户坐标系)的 XOY 平面上修剪(为缺省项),此时可在 XOY 平面上按投影关系修剪在三维空间中没有相交的对象。

③视图(V):在当前视图平面上修剪。

(3)边(E)

该选项用来确定修剪方式。执行该选项,AutoCAD 2016 提示:

延伸(E)/不延伸(N)〈不延伸〉

①延伸(E):按延伸的方式修剪。如果修剪边太短,没有与被剪边相交,那么 AutoCAD 2016 会假想将修剪边延长,然后再进行修剪。

②不延伸(N):按非延伸的方式修剪。如果修剪边太短,没有与被剪边相交,那么 Auto-CAD 2016 不会进行修剪。

(4)放弃(U)

取消上一次操作。

说明

①AutoCAD 2016 中文版允许用直线(LINE)、圆弧(ARC)、圆(CIRCLE)、椭圆与椭圆弧(ELLIPSE)、多段线(PLINE)、样条曲线(SPLINE)、构造线(XLINE)、射线(RAY)作修剪边。用宽多段线作修剪边时,沿其中心线修剪。

②AutoCAD 2016 中文版可以隐含修剪边,即在提示选取修剪边"选择对象:"时回车,

AutoCAD 2016 会自动确定修剪边。

③修剪边同时也可以作为被剪边。

④带有宽度的多段线作为被剪边时,修剪交点按中心线计算,并保留宽度信息,切口边界与多段线的中心线垂直。

【例3.8】对已知图形进行修剪。

命令:

命令:TRIM ↵

当前设置:投影 = UCS,边 = 无

选择剪切边…

选择对象:找到 1 个(选择圆为边界)

选择对象:↵

选择要修剪的对象,或按住 Shift 键选择要延伸的对象,或[投影(P)/边(E)/放弃(U)]:

选择要修剪的对象,或按住 Shift 键选择要延伸的对象,或[投影(P)/边(E)/放弃(U)]:

选择要修剪的对象,或按住 Shift 键选择要延伸的对象,或[投影(P)/边(E)/放弃(U)]:

选择要修剪的对象,或按住 Shift 键选择要延伸的对象,或[投影(P)/边(E)/放弃(U)]:

选择要修剪的对象,或按住 Shift 键选择要延伸的对象,或[投影(P)/边(E)/放弃(U)]:↵

命令:

命令:TRIM ↵

当前设置:投影 = UCS,边 = 无

选择剪切边…

选择对象:找到 1 个(选择下面的矩形为边界)

选择对象:↵

选择要修剪的对象,或按住 Shift 键选择要延伸的对象,或[投影(P)/边(E)/放弃(U)]:

选择要修剪的对象,或按住 Shift 键选择要延伸的对象,或[投影(P)/边(E)/放弃(U)]:↵

命令:

命令:TRIM ↵

当前设置:投影 = UCS,边 = 无

选择剪切边…

选择对象:找到 1 个(选择左面的矩形为边界)

选择对象:↵

选择要修剪的对象,或按住 Shift 键选择要延伸的对象,或[投影(P)/边(E)/放弃(U)]:

选择要修剪的对象,或按住 Shift 键选择要延伸的对象,或[投影(P)/边(E)/放弃(U)]:↵

命令:

命令:TRIM ↵

当前设置:投影 = UCS,边 = 无

选择剪切边…

选择对象:找到 1 个(选择右面的矩形为边界)

选择对象:↵

选择要修剪的对象,或按住 Shift 键选择要延伸的对象,或[投影(P)/边(E)/放弃(U)]:

选择要修剪的对象,或按住 Shift 键选择要延伸的对象,或[投影(P)/边(E)/放弃(U)]:↵

本例操作后的图形如图 3.19 所示。

3.8.2 截断命令

命令行:BREAK

下拉菜单:修改→打断(K)。

工具栏:修改→打断。

功能:将对象按指定的格式打断。

操作格式:单击相应的菜单项、工具栏按钮或输入"BREAK"命令后回车。提示:

选择对象:(选取对象)↵

输入第二点[或第一点(F)]:

此时可有以下几种响应方式:

①若直接点取对象上的另一点,则将对象上所取的两个点之间的那部分对象删除。

②若键入"@",则将对象在选取点处一分为二。

③若在对象外面的一端方向处点取一点,则把两个点取之间的那段对象删除。

若键入"F",AutoCAD 2016 会提示:

输入第一点:

即重新输入第一点,输入后 AutoCAD 2016 提示:

输入第二点:

在此提示下,用户可以按前面介绍的 3 种方式执行。

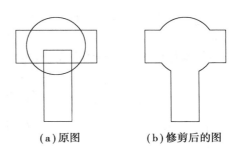

(a)原图 (b)修剪后的图

图 3.19 修剪图形

说明

对圆执行此功能可得到一段圆弧,AutoCAD 2016 将圆上从第一个点取点到第二个点取点之间的逆时针方向的圆弧删除掉。

【例 3.9】对已知图形进行截断。

命令:_break 选择对象:(圆)

指定第二个打断点或[第一点(F)]:F↵

指定第一个打断点:(鼠标点取 P1 点)

指定第二个打断点:(鼠标点取 P2 点)

命令:

BREAK 选择对象:(矩形)

指定第二个打断点 或[第一点(F)]:F↵

指定第一个打断点:(鼠标点取 P1 点)

指定第二个打断点:(鼠标点取 P2 点)

命令:

BREAK 选择对象:(直线)

指定第二个打断点 或[第一点(F)]:F↵

指定第一个打断点:(鼠标点取 P1 点)

指定第二个打断点:(鼠标点取 P2 点)

命令:

本例操作后的图形如图 3.20 所示。

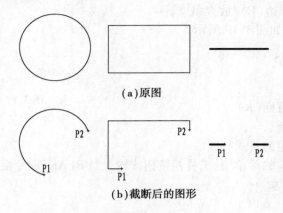

(a)原图

(b)截断后的图形

图 3.20　图形对象的截断

3.8.3　延伸命令

命令行:EXTEND

下拉菜单:修改→延伸(D)。

工具栏:修改→延伸。

功能:延长指定的对象,使其到达图中选定的边界(又称为边界边)上。

操作格式:单击相应的菜单项、工具栏按钮或输入"EXTEND"命令后回车。提示:

选择对象:(选取边界边)↵

选择对象:(也可以继续选取边界边)↵

〈选择要延伸的对象〉/投影(P)/边(E)/放弃(U):

上面各选项的含义如下:

(1)〈选择要延伸的对象〉

选择延伸边,为缺省项。若直接选取对象,即执行缺省项,AutoCAD 2016 会把该对象延长到指定的边界边。

(2)投影(P)

该选项用来确定执行延伸的空间。执行该选项,AutoCAD 2016 提示:

无(N)/Ucs(U)/视图(V)〈Ucs〉:

①无(N):按三维(不是投影)的方式延伸,即只有能够相交的对象才能延伸。

②Ucs(U):在当前 UCS 的 XOY 平面上延伸(为缺省项),此时可在 XOY 平面上按投影关系延伸在三维空间中不能相交的对象。

③视图(V):在当前视图平面上延伸。

(3)边(E)

该选项用来确定延伸的方式。执行该选项,AutoCAD 2016 提示:

延伸(E)/不延伸(N)〈延伸〉:

①延伸（E）：如果边界边太短，延伸边延伸后不能与其相交，AutoCAD 2016 会假想将边界边延长，使延伸边伸长到与其相交的位置。

②不延伸（N）：按边的实际位置进行延伸。如果边界边太短，延伸边延伸后不能与其相交，AutoCAD 2016 将不能执行延伸操作。

（4）放弃（U）

该选项用来取消上一次的操作。

说明

①AutoCAD 2016 中文版允许用线（LINE）、圆弧（ARC）、圆（CIRCLE）、椭圆和椭圆弧（ELLIPSE）、多段线（PLINE）、样条曲线（SPLINE）、构造线（XLINE）、射线（RAY）等作为边界边。用宽多段线作边界边时，其中心线为实际的边界边。

②对于多段线，只有不封闭的多段线可以延长。如果要延长一条封闭的多段线，AutoCAD 2016 提示："无法延伸该对象"。对于有宽度的直线段与圆弧，按原倾斜度延长，如果延长后其末端的宽度要出现负值，该端的宽度改为 0。

【例 3.10】对已知图形进行延伸。

命令：EXTEND↵

当前设置：投影 = UCS，边 = 无

选择边界的边…

选择对象：找到 1 个（选择直线作为延伸边界）

选择对象：↵

选择要延伸的对象，或按住 Shift 键选择要修剪的对象，或［投影（P）/边（E）/放弃（U）］：（鼠标点取要延伸的对象进行延伸）

选择要延伸的对象，或按住 Shift 键选择要修剪的对象，或［投影（P）/边（E）/放弃（U）］：

⋮

选择要延伸的对象，或按住 Shift 键选择要修剪的对象，或［投影（P）/边（E）/放弃（U）］：↵

命令：

命令：EXTEND↵

当前设置：投影 = UCS，边 = 无

选择边界的边…

选择对象：找到 1 个（选择圆弧作为延伸边界）

选择对象：↵

选择要延伸的对象，或按住 Shift 键选择要修剪的对象，或［投影（P）/边（E）/放弃（U）］：（鼠标点取要延伸的对象进行延伸）

选择要延伸的对象，或按住 Shift 键选择要修剪的对象，或［投影（P）/边（E）/放弃（U）］：

⋮

选择要延伸的对象，或按住 Shift 键选择要修剪的对象，或［投影（P）/边（E）/放弃（U）］：↵

命令：

本例操作后的图形如图3.21所示。

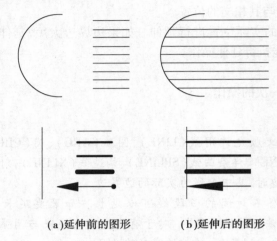

(a)延伸前的图形   (b)延伸后的图形

图3.21　图形对象的延伸

3.8.4　拉伸命令

命令行:STRETCH

下拉菜单:修改→拉伸(H)。

工具栏:修改→拉伸。

功能:STRETCH命令与MOVE命令类似,可以移动指定的一部分圆形。但用STRETCH命令移动图形时,这部分图形与其他图形的连接元素,如线(LINE)、圆弧(ARC)、等宽线(TRACE)、多段线(PLINE)等,将受到拉伸或压缩。

操作格式:单击相应的菜单项、工具栏按钮或输入"STRETCH"命令后回车。提示:

以"交叉窗口"或"交叉多边形"选择要拉伸的对象…

选择对象:(用C或CP方式选择对象)

基点或位移:(选基点)↵

位移第二点:(选第二点或回车)

【例3.11】将图3.22(a)中用虚线围起来的对象从P1点拉伸到P2点。

操作步骤:

命令:STRETCH↵

以"交叉窗口"或"交叉多边形"选择要拉伸的对象…

选择对象:C↵

第一角点:(点取虚线所示矩形的左下角点)

另一角点:(点取虚线所示矩形的右上角点)

选择对象:↵

基点或位移:(点取P1点)↵

位移第二点:(点取P2点)↵

命令:

本例执行结果如图3.22(b)所示。

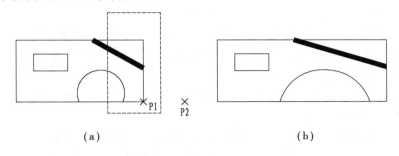

（a）　　　　　　　　　　　　　　　（b）

图3.22　用 STRETCH 命令绘此图

说明

在选取对象时,对于由 LINE(直线)、ARC(圆弧)、TRACE(等宽线)、SOLID(区域填充)和 PLINE(多段线)等命令绘制的直线段或圆弧段,若其整个均在选取窗口内,则执行的结果是对其进行移动。若其一端在选取窗口内,另一端在选取窗口外,则有以下拉伸规则:

(1)直线(LINE):窗口外的端点不动,窗口内的端点移动,直线由此改变。

(2)圆弧(ARC):与直线类似,但在圆弧改变的过程中,圆弧的弦高保持不变,由此来改变圆心的位置和圆弧起始角、终止角的值。

(3)等宽线(TRACE)、区域填充(SOLID):窗口外的端点不动,窗口内的端点移动,由此改变图形。

(4)多段线(PLINE):与直线或圆弧相似,但多段线的两端宽度、切线方向以及曲线拟合信息都不改变。

(5)对于其他对象,如果其定义点位于选取窗口内,则对象移动,否则不动。各类对象的定义点如下:

圆:定义点为圆心。

形和块:定义点为插入点。

文字和属性定义:定义点为字符串的基线左端点。

3.8.5　拉长命令

命令行:LENGTHEN

下拉菜单:修改→拉长(G)。

工具栏:修改→拉长。

功能:改变直线或圆弧的长度。

操作格式:单击相应的菜单项、工具栏按钮或输入"LENGTHEN"命令回车。提示:

选择对象或[增量(DE)/百分比(P)/总长(T)/动态(DY)]〈选择对象〉:

上面各选项的含义如下:

(1)增量(DE)

该选项用来改变圆弧的长度。执行该选项,AutoCAD 2016 提示:

角度(A)/〈输入长度差值(0.0000)〉:

①角度（A）：以角度的方式改变弧长。执行该选项，AutoCAD 2016 提示：

输入角度差值〈0〉：（输入圆弧的角度增量）↵

〈选择要修改的对象〉/放弃（U）：（选取圆弧或输入"U"取消上次操作）

执行结果：所选圆弧按指定的角度增量在离拾取点近的一端变长或变短，且角度增量为正值时圆弧变长，角度增量为负值时圆弧变短。

②输入长度差值：缺省项。若直接输入一数值，即执行缺省项，则该数值为弧长的增量。用户响应后，AutoCAD 2016 提示：

〈选择要修改的对象〉/放弃（U）：（选取圆弧或输入"U"取消上次操作）

执行结果：所选圆弧按指定的弧长增量在离拾取点近的一端变长或变短，且长度增量为正值时圆弧变长，长度增量为负值时圆弧变短（注意：该项只适用于弧）。

（2）百分比（P）

该选项按照对象总长度的指定百分数设置对象长度，改变圆弧或直线的长度。执行该选项，AutoCAD 2016 提示：

输入长度百分比〈缺省值〉：（输入百分比值）↵

〈选择要修改的对象〉/放弃（U）：（选取对象或输入"U"取消上次操作）

执行结果：所选圆弧或直线在离拾取点近的一端按指定的比例值变长或变短。

（3）总长（T）

该选项通过输入直线或圆弧的新长度改变长度。执行该选项，AutoCAD 2016 提示：

角度（A）/〈输入总长度（1.0000）〉：

①角度（A）：用来确定圆弧的新角度，该项只适用于圆弧。执行该选项，AutoCAD 2016 提示：

输入总角度〈57〉：（输入角度）↵

〈选择要修改的对象〉/放弃（U）：（选取圆弧或输入"U"取消上次操作）

执行结果：所选圆弧在离拾取点近的一端按指定的角度变长或变短。

②输入总长度：缺省项。若直接输入一个数值，即执行缺省项，那么该值为直线或圆弧新的长度。用户响应后，AutoCAD 2016 提示：

〈选择要修改的对象〉/放弃（U）：（选取对象或输入"U"取消上次操作）

执行结果：所选直线或圆弧在离拾取点近的一端按指定的长度变长或变短。

（4）动态（DY）

该选项用来动态地改变弧或线的长度。执行该选项，AutoCAD 2016 提示：

〈选择要修改的对象〉/放弃（U）

此时点取对象，然后通过拖动鼠标就可以动态地改变圆弧或直线的端点位置，即改变圆弧或直线的长度。

（5）〈选择对象〉

为缺省项。用户直接选取某条直线或圆弧，即执行缺省项后，AutoCAD 2016 会显示出它的长度和中心角（对于圆弧而言），而后 AutoCAD 2016 继续提示：

增量（DE）/百分比（P）/总长（T）/动态（DY）/〈选择对象〉：

此时按前面介绍的操作进行即可。

【例3.12】把图形对象拉长。

命令:LENGTHEN ↵

选择对象或[增量(DE)/百分数(P)/全部(T)/动态(DY)]:DE ↵

输入长度增量或[角度(A)]<20.0000>:30 ↵

选择要修改的对象或[放弃(U)]:(鼠标点取要拉长的对象)

选择要修改的对象或[放弃(U)]:(鼠标点取要拉长的对象)

选择要修改的对象或[放弃(U)]:(鼠标点取要拉长的对象)

无法拉长此对象。

选择要修改的对象或[放弃(U)]:↵

命令:

从本操作可以看到,图形对象除了"圆弧"和"直线"外,其他对象无法拉长,如图3.23所示。

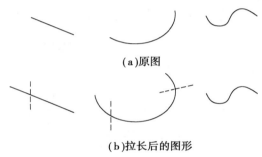

(a)原图

(b)拉长后的图形

图3.23 图形对象的拉长

3.8.6 倒圆角命令

命令行:FILLET

下拉菜单:修改→圆角(F)。

工具栏:修改→圆角。

功能:对指定的两个对象按指定的半径倒圆角。

操作格式:单击相应的菜单项、工具栏按钮或输入"FILLET"命令后回车。提示:

(修剪模式)当前圆角半径=缺省值

多段线(P)/半径(R)/修剪(T)/〈选择第一个对象〉:

上面各选项含义如下:

(1)半径(R)

该选项用来确定倒圆角的圆角半径。执行该选项,AutoCAD 2016提示:

输入圆角半径〈缺省值〉:

即要求用户输入倒圆角的圆角半径值。用户响应后,AutoCAD 2016结束该命令的执行,返回到"命令"状态。若进行倒角操作,则需再次执行"FILLET"命令。

(2)多段线(P)

执行该选项,AutoCAD 2016将对二维多段线倒圆角,此时AutoCAD 2016会提示:

选择二维多段线:

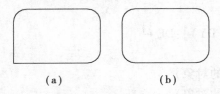

（a）　　　　　　　　（b）

图 3.24　多段线倒圆角

在此提示下选取多段线,AutoCAD 2016 则按指定的圆角半径在该多段线各顶点处倒圆角。对于封闭多段线,对其倒圆角后会出现如图 3.24 所示的两种结果,这是因为 FILLET 命令将前者各转折处均看成是连续的,故每一转折处均进行倒角。如果不用"闭合"项来封闭多段线,虽然外表看起来都一样,但 FILLET 命令却把终结处看成断点而不予修改,如图 3.24(a)所示。

（3）修剪（T）

该选项用来确定倒圆角的方式。若执行该选项,AutoCAD 2016 提示:

修剪(T)/不修剪(N)〈缺省项〉:

"修剪"表示在倒圆角的同时对相应的两条线作修剪,"不修剪"则表示不进行修剪[图 3.25 中,图(a)表示要倒角的两条边,图(b)表示倒角时修剪,图(c)表示倒角后不修剪]。

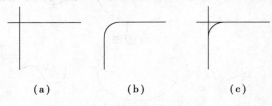

（a）　　　　　　　（b）　　　　　　　（c）

图 3.25　直线倒圆角

（4）缺省项

若直接点取线,即执行缺省项,AutoCAD 2016 提示:

选择第二个对象:

在此提示下选取相邻的另一条线,AutoCAD 2016 就会按指定的圆角半径对其倒圆角。

说明

①倒角对象不同,倒角后的效果也不同。

②若倒圆角的圆角半径太大,AutoCAD 2016 提示:

半径太大

③对相交线倒圆角时,如果修剪,倒出圆角后,AutoCAD 2016 总是保留所点取的那部分对象。

【例 3.13】给指定图形对象倒圆角。

命令:FILLET ↵

当前设置:模式 = 修剪,半径 = 0.0000

选择第一个对象或[多段线(P)/半径(R)/修剪(T)/

指定圆角半径 <0.0000 >:10 ↵

选择第一个对象或[多段线(P)/半径(R)/修剪(T)/

选择第二个对象:(鼠标点取对象)

命令:

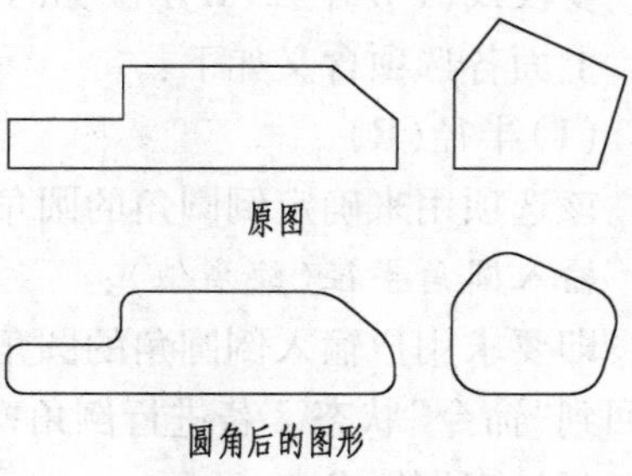

原图

圆角后的图形

图 3.26　图形的倒圆角

：

命令:FILLET　↵

当前设置:模式 = 修剪,半径 = 10.0000

选择第一个对象或[多段线(P)/半径(R)/修剪(T)/多个(U)]:R ↵

指定圆角半径 < 10.0000 > :30 ↵

选择第一个对象或[多段线(P)/半径(R)/修剪(T)/多个(U)]:(鼠标点取对象)

选择第二个对象:(鼠标点取对象)

命令:

：

命令:

本例操作后的图形如图3.26所示。

3.8.7　倒角命令

命令行:CHAMFER

下拉菜单:修改→倒角(C)。

工具栏:修改→倒角。

功能:对指定的两个对象按指定的距离倒角。

操作格式:单击相应的菜单项、工具栏按钮或输入"CHAMFER"命令后回车。提示:

("修剪"模式)当前倒角距离1 = 0.0000,距离2 = 0.0000

选择第一条直线或[多段线(P)/距离(D)/角度(A)/修剪(T)/方式(M)/多个(U)]:

上面各选项的含义如下:

(1)距离(D)

该选项用来确定倒角的两个距离。执行该选项,AutoCAD 2016提示:

指定第一个倒角距离 < 0.0000 > :

指定第二个倒角距离 < 0.0000 > :

即要求用户输入倒角的两个距离值。用户响应后,AutoCAD 2016结束该命令的执行,返回到"命令"状态。若进行倒角操作,则需再次执行CHAMFER命令。

(2)多段线(P)

执行该选项,AutoCAD 2016将对二维多段线进行倒角,此时 AutoCAD 2016 会提示:

选择二维多段线:

在此提示下选取多段线,AutoCAD 2016则按指定的倒角距离在该多段线各顶点处倒角。对于封闭多段线,应该逐个角的处理,因为CHAMFER命令将前者各转折处均看成是连续的,故每一转折处均进行倒角。如果不用"闭合"项来封闭多段线,虽然外表看起来都一样,但CHAMFER命令却把终结处看成断点而不予修改。

(3)修剪(T)

该选项用来确定倒角时的修剪方式。若选取该项,AutoCAD 2016提示:

修剪(T)/不修剪(N)〈缺省项〉:

"修剪"表示在倒角的同时对相应的两条线作修剪,"不修剪"则表示不进行修剪。

（4）角度（A）

在此提示下输入一个角度，按这个角度进行倒角，不按设定的距离倒角。

（5）方式（M）

该选项用来确定倒角的方式。若选取该项，AutoCAD 2016 提示：

输入修剪方法［距离（D）／角度（A）］＜距离＞：

也就是选择倒角的方式，有距离（D）和角度（A）两种方式。

说明

①倒角对象不同，倒角后的效果也不同。

②若倒角的距离太大，AutoCAD 2016 提示：

距离太大

③对相交线倒圆角时，如果修剪，倒角后，AutoCAD 2016 总是保留所点取的那部分对象。

【例3.14】为指定的图形对象倒角。

命令：CHAMFER↵

（"修剪"模式）当前倒角距离 1 ＝ 0.0000，距离 2 ＝ 0.0000

选择第一条直线或［多段线（P）／距离（D）／角度（A）／修剪（T）／方式（M）／多个（U）］：

D↵

指定第一个倒角距离 ＜ 0.0000 ＞：10 ↵

指定第二个倒角距离 ＜ 10.0000 ＞：↵

选择第一条直线或［多段线（P）／距离（D）／角度（A）／修剪（T）／方式（M）／多个（U）］：

选择第二条直线：（鼠标点取）

命令：

⋮

命令：CHAMFER↵

（"修剪"模式）当前倒角距离 1 ＝ 10.0000，距离 2 ＝ 10.0000

选择第一条直线或［多段线（P）／距离（D）／角度（A）／修剪（T）／方式（M）／多个（U）］：

D↵

指定第一个倒角距离 ＜ 10.0000 ＞：20 ↵（改变距离）

指定第二个倒角距离 ＜ 20.0000 ＞：↵

选择第一条直线或［多段线（P）／距离（D）／角度（A）／修剪（T）／方式（M）／多个（U）］：

选择第二条直线：（鼠标点取）

命令：

命令：CHAMFER↵

（"修剪"模式）当前倒角距离 1 ＝ 20.0000，

距离 2 ＝ 20.0000

选择第一条直线或［多段线（P）／距离（D）

／角度（A）／修剪（T）／方式（M）／多个（U）］：P↵

选择二维多段线： （鼠标点取）

5 条直线已被倒角

命令：

本例操作后的图形如图3.27所示。

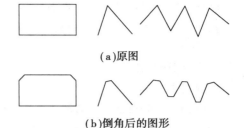

(a)原图

(b)倒角后的图形

图 3.27　图形对象的倒角

3.8.8　修改命令

命令行：CHANGE

功能：用修改点和修改性质的方式，修改已有的图形对象。

操作格式如下：

命令：CHANGE ↵

选择对象：(选取欲修改的对象)

选择对象：↵(也可继续选取)

特性(P)/〈修改点〉：

上面各选项的含义如下：

(1)特性(P)

该选项用来修改所选对象的性质。执行该选项，AutoCAD 2016提示：

修改何种特性(颜色(C)/标高(E)/图层(LA)/线型(LT)线型比例(S)/厚度(T))？

上面的提示用来确定欲改变的特性。各项含义如下：

①颜色(C)：用于改变对象的颜色。执行时 AutoCAD 2016 提示：

新的颜色〈缺省项〉：

在此提示下输入所希望颜色的颜色号即可：1—红色 red，2—黄色 yellow，3—绿色 green，4—青色 cyan，5—蓝色 blue，6—紫色 magenta，7—白色 white。

②标高(E)：用于修改对象的高度。执行时 AutoCAD 2016 提示：

新的标高〈缺省项〉：(输入高度值)

③图层(LA)：用于将对象从当前层改变到其他层上。执行时 AutoCAD 2016 提示：

新的图层〈缺省值〉：(输入要转变到某层的层名)

执行此选项时，所指定的层必须存在，否则 AutoCAD 2016 提示：

无法找到图层：(输入层名)

④线型(LT)：用于改变对象的线型。执行时 AutoCAD 2016 提示：

新的线型〈缺省值〉：(输入新线型)

⑤线型比例(S)：用于改变线型比例。执行时 AutoCAD 2016 提示：

新的线型比例〈缺省值〉：(输入新的比例值)

⑥厚度(T)：用于改变对象的厚度。执行时 AutoCAD 2016 提示：

新的厚度〈缺省值〉：(输入新的厚度)

(2)修改点

修改对象的特殊点，该选项可以对线、圆、文字、块等进行修改。

①修改圆：

命令：CHANGE ↵

选择对象：(选圆)

特性(P)/〈修改点〉:(指定新的圆半径)

执行结果:圆心不动,圆的大小改变。

②修改文字:

命令:CHANGE ↵

选择对象:(选取文字)

特性(P)/〈修改点〉:(从图3.28中点取AutoCAD)

新的文字插入点:(用鼠标点取)

输入新的文字样式:〈STANDARD〉(显示当前使用的
文字样式)

(输入新的文字样式,或按"Enter"键表示无修改)

新的高度〈500〉:(输入新的字高800,或直接按"Enter"键表示无修改)

新的旋转角度〈0〉:(输入新的旋转角度 - 15°,或直接按"Enter"键表示无修改)

新的文字〈AutoCAD〉:(输入新的旋转角度,或直接按"Enter"键表示无修改)

执行结果:将文字的定义点改为P1点,且围绕P1点旋转 - 15°(图3.28)。

由上面的执行过程可以看出,用户还可以重选文字样式、字高、重设文字行的倾斜角度和
文字内容。

【例3.15】把已知图形对象修改成三维图形。

命令:CHANGE ↵

选择对象:W

指定第一个角点:指定对角点:找到14个

选择对象:↵

指定修改点或[特性(P)]:P↵

输入要修改的特性

[颜色(C)/标高(E)/图层(LA)/线型(LT)/线型比例(S)/线宽(LW)/厚度(T)]:E↵

指定新标高 < 10.0000 > :0↵

输入要修改的特性

[颜色(C)/标高(E)/图层(LA)/线型(LT)/线型比例(S)/线宽(LW)/厚度(T)]:T↵

指定新厚度 < 10.0000 > :100↵

输入要修改的特性

[颜色(C)/标高(E)/图层(LA)/线型(LT)/线型比例(S)/线宽(LW)/厚度(T)]:↵

命令:

命令:VPOINT ↵

当前视图方向: VIEWDIR = 0.0000,0.0000,1.0000

指定视点或[旋转(R)] <显示坐标球和三轴架> :↵(进入三维坐标系)

正在重生成模型。

命令:HIDE ↵

正在重生成模型。

命令:

AutoCAD

P1 AutoCAD

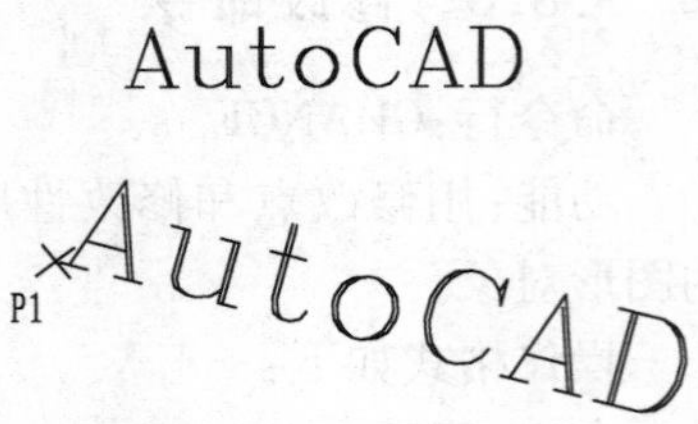

图3.28 命令修改文字

本例操作的图形如图 3.29 所示。

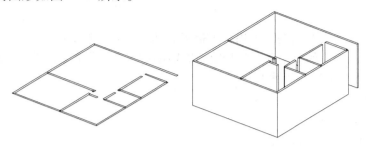

图 3.29 修改图形对象

3.9 其他形式的命令

3.9.1 移动命令

命令行:MOVE

下拉菜单:修改→移动(V)。

工具栏:修改→移动。

功能:将指定的对象移到指定的位置。

操作格式:单击相应的菜单项、工具栏按钮或输入"MOVE"命令后回车。提示:

选取对象:(选取要移动的对象)↵

选择对象:↵(也可以继续选取对象)

基点或位移:

在"基点或位移:"提示下输入相对于当前点的位移量 delta-X、delta-Y、delta-Z(二维绘图时可忽略 delta-Z),提示:

位移第二点:(在此提示下直接回车,则将选择的对象从当前位置按指定的位移量移动)

【例 3.16】将已有图形移动到指定位置。

命令:MOVE ↵

选择对象:W ↵

指定第一个角点:指定对角点:找到 400 个

选择对象:↵

指定基点或位移:指定位移的第二点或

<用第一点作位移>:(鼠标点取)

命令:

本例操作示意图如图 3.30 所示。

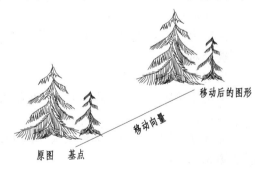

图 3.30 图形的移动

3.9.2 缩放命令

命令行:SCALE

下拉菜单:修改→缩放(L)。

工具栏:修改→缩放。

功能:将对象按指定的比例因子相对于指定的基点放大或缩小。

操作格式:单击相应的菜单项、工具栏按钮或输入"SCALE"命令后回车。提示:

选择对象:(选取要缩放的对象)↵

选择对象:↵

基点:(选取基点)↵

指定比例因子或[参照(R)]:

(1)比例因子

该项为缺省项。若直接输入比例因子,即执行缺省项,AutoCAD 2016 将把所选对象按该比例因子相对于基点进行缩放,且大于0。比例因子小于1时缩小,比例因子大于1时放大。

(2)参照(R)

该选项表示将所选对象按参考的方式缩放。执行该选项,AutoCAD 2016 提示:

参照长度〈1〉:(输入参考长度的值)↵

新长度:(输入新的长度值)↵

此时 AutoCAD 2016 会根据参考长度的值与新的长度值自动计算缩放系数,然后进行相应的缩放。

【例3.17】将已有图形按指定的比例因子进行缩放。

命令:SCALE↵

选择对象:W↵

指定第一个角点:指定对角点:找到 625 个(选定汽车)

选择对象:↵

指定基点:(鼠标点取)

指定比例因子或[参照(R)]:0.5↵(缩小为原来大小的1/2)

命令:

命令:SCALE↵

选择对象:W↵

指定第一个角点:指定对角点:找到 445 个(选定人物)

选择对象:↵

指定基点:(鼠标点取)

指定比例因子或[参照(R)]:2↵(放大为原来大小的2倍)

命令:

本例操作把汽车缩小为原来大小的1/2倍,把人物放大为原来大小的2倍。操作后的图形如图3.31所示。

3.9.3　旋转命令

命令行:ROTATE

下拉菜单:修改→旋转(R)。

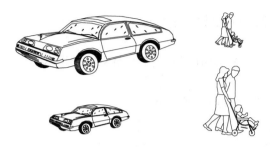

图3.31 图形的缩放

工具栏:修改→旋转。

功能:将所选对象围绕指定点(称为旋转基点)旋转指定的角度。

操作格式:单击相应的菜单项、工具栏按钮或输入"ROTATE"命令后回车。提示:

选择对象:(选取要转动的对象)↵

选择对象:↵(也可以继续选取对象)

基点:(确定转动基点)

<旋转角度>/参照(R):

(1)旋转角度

若直接输入一个角度值,即执行缺省项,AutoCAD 2016 将所选对象绕指定基点按该角度转动,且角度为正时逆时针旋转,反之则顺时针旋转。

说明

可以用拖动的方式确定角度值。在"<旋转角度>/参照(R):"提示下拖动鼠标,从基点到光标位置会引出一条橡皮筋线,该线方向与水平向右方向之间的夹角即为要转动的角度,同时所选对象会按此角度动态地转动。当通过拖动鼠标使对象转到所需位置后,按空格键或"Enter"键,即可实现旋转。

(2)参照(R)

该选项表示将所选对象以参考方式旋转。执行该选项时 AutoCAD 2016 提示:

参照角度<0>:(输入参考方向的角度值)↵

新角度:(输入相对于参考方向的角度)↵

【例3.18】在图3.32 中,已知直线 AB 与直线 AC 的夹角为45°,绕 A 点旋转 AB 线,使其与 AC 线成17°的夹角。

命令:ROTATE ↵

选择对象:(选取 AB 线)↵

选择对象:↵

基点:(选取 A 点)

〈旋转角度〉/参照(R):R ↵

参照角度〈0〉:45 ↵

新角度:17 ↵

命令:

本例操作后的图形如图3.32 所示。

【例3.19】把指定图形进行旋转。

命令:ROTATE↵

UCS 当前的正角方向: ANGDIR =逆时针　ANGBASE =0

选择对象:W↵

指定第一个角点:指定对角点:找到 246 个

选择对象:↵

指定基点:(鼠标点取)

指定旋转角度或[参照(R)]:90↵

命令:

本例操作把图形旋转 90°,由于图形有很多图素,因此使用 W 参数来选择图形对象。操作后的图形如图 3.33 所示。

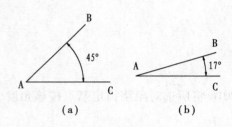
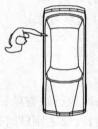

（a）　　　　　　　　　　（b）

图 3.32　ROTATE 旋转直线 　　　　图 3.33　图形的旋转

3.9.4　多段线编辑命令

命令行:PEDIT

工具栏:修改工具栏二→多段线。

下拉菜单:修改→对象→多段线(P)。

功能:编辑和修改多段线。

操作格式:单击相应的菜单项、工具栏按钮或输入"PEDIT"命令后回车。提示:

命令:PEDIT↵

选择多段线或[多条(M)]:

如果选择二维多段线,则 AutoCAD 2016 提示:

输入选项[闭合(C)/合并(J)/宽度(W)/编辑顶点(E)/拟合(F)/样条曲线(S)/非曲线化(D)/线型生成(L)/放弃(U)]:

下面分别介绍各选项的含义:

(1)闭合(C)

连接第一条与最后一条线段,从而创建闭合的多段线线段。除非使用选项"闭合"来闭合多段线,否则 AutoCAD 2016 将会认为它是打开的。

(2)合并(J)

将直线、圆弧或多段线添加到开放的多段线端点并删除曲线拟合多段线的曲线拟合。对于合并到多段线的对象,除非第一次"PEDIT"命令提示出现时使用"多条"选项,否则它们的端点必须重合。在这种情况下,如果模糊距离设置得足以包括端点,则可以将不相接的多段线合并。

(3)宽度(W)

指定整条多段线新的统一线的宽度。

(4)编辑顶点(E)

对多段线的顶点进行编辑,若选择此项,则 AutoCAD 2016 又提示:

输入顶点编辑选项[下一个(N)/上一个(P)/打断(B)/插入(I)/移动(M)/重生成(R)/拉直(S)/切向(T)/宽度(W)/退出(X)]<N>:

N——下一个顶点;

P——上一个顶点处打断多段线;

I——插入一个新的顶点;

M——把该顶点进行移动;

R——重新生成图形;

S——把该顶点处拉成直线;

T——指定该顶点的切线方向,并显示切线;

W——指定该顶点到下一个顶点间的线段的宽度;

X——退出顶点编辑。

(5)拟合(F)

用一般数学方法把直线式多段线拟合成曲线。

(6)样条曲线(S)

用样条曲线拟合方法把直线式多段线拟合成样条曲线。

(7)非曲线化(D)

把曲线式多段线改变成直线式多段线。

(8)线型生成(L)

打开或关闭多段线的线型,若选择此项,则 AutoCAD 2016 又提示:

输入多段线线型生成选项[开(ON)/关(OFF)]<关>:

(9)放弃(U)

放弃操作,可一直返回到 PEDIT 的开始状态。

说明

如果选定的对象是直线或圆弧,则 AutoCAD 2016 提示:

选定的对象不是多段线。是否将其转换为多段线? <Y>:(输入 Y 或 N,或按"Enter"键)。

如果输入 Y,则对象被转换为可编辑的单段二维多段线。使用此操作可将直线和圆弧合并为多段线。

【例3.20】编辑已有的多段线。

命令:PEDIT↵

选择多段线或[多条(M)]:(鼠标点取第一条多段线)

输入选项[闭合(C)/合并(J)/宽度(W)/编辑顶点(E)/拟合(F)/样条曲线(S)/非曲线

化(D)/线型生成(L)/放弃(U)]:F↵(多段线拟合成曲线)

输入选项[闭合(C)/合并(J)/宽度(W)/编辑顶点(E)/拟合(F)/样条曲线(S)/非曲线化(D)/线型生成(L)/放弃(U)]:W↵

指定所有线段的新宽度:0.6↵

输入选项[闭合(C)/合并(J)/宽度(W)/编辑顶点(E)/拟合(F)/样条曲线(S)/非曲线化(D)/线型生成(L)/放弃(U)]:↵

命令:

命令:PEDIT↵

选择多段线或[多条(M)]:(鼠标点取第二条多段线)

输入选项[闭合(C)/合并(J)/宽度(W)/编辑顶点(E)/拟合(F)/样条曲线(S)/非曲线化(D)/线型生成(L)/放弃(U)]:S↵

输入选项[闭合(C)/合并(J)/宽度(W)/编辑顶点(E)/拟合(F)/样条曲线(S)/非曲线化(D)/线型生成(L)/放弃(U)]:W↵

指定所有线段的新宽度:1.2↵

输入选项[闭合(C)/合并(J)/宽度(W)/编辑顶点(E)/拟合(F)/样条曲线(S)/非曲线化(D)/线型生成(L)/放弃(U)]:↵

命令:

本例操作后的图形如图3.34所示。

3.9.5　测量命令

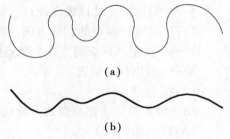

(a)

(b)

图3.34　多段线的编辑

命令行:MEASURE

功能:测量图形对象的等距分数。

操作格式:

命令:MEASURE↵

选择要定距等分的对象:

指定线段长度或[块(B)]:

选择要定距等分的对象后,输入一个等距值,则把对象进行等分;如果等分不是整数,则把剩余的部分按实际长度输出。

注意:由于分点在图形对象上,如果是常规"点",则显示时看不见,可以在分点处插入块(B)标记;也可以选用另外的"点"的式样来显示分点,如图3.35所示。操作如下:

命令:MEASURE↵

选择要定距等分的对象:(鼠标点取)

指定线段长度或[块(B)]:50↵

命令:'_ddptype 正在重生成模型。

正在重生成模型。

命令:

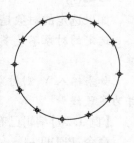

图3.35　测量对象

3.9.6　等分命令

命令行:DIVIDE。

功能:把对象等分为 N 等份。

操作格式:

命令:DIVIDE ↵

选择要定数等分的对象:

输入线段数目或[块(B)]:

选择要等分的对象后,输入一个等分的份数值。

注意:由于分点在图形对象上,如果是常规"点",则显示时看不见,可以在分点处插入块(B)标记,也可以选用另外的"点"的式样来显示分点。

【例3.21】画一个椭圆,用等分命令把它分成10等份。

命令:ELLIPSE ↵

指定椭圆的轴端点或[圆弧(A)/中心点(C)]:(鼠标点取)

指定轴的另一个端点:(鼠标点取)

指定另一条半轴长度或[旋转(R)]:(鼠标点取)

命令:

命令:DIVIDE ↵

选择要定数等分的对象:(鼠标点取)

输入线段数目或[块(B)]:10 ↵

命令:

本例操作的图形如图3.36所示。

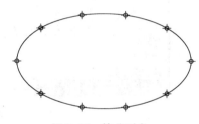

图3.36　等分对象

3.9.7　复制对象到剪贴板

命令行:COPYCLIP

下拉菜单:编辑→复制(C)。

快捷键:Ctrl + C。

功能:将指定的对象复制到剪贴板上。

操作格式:单击"编辑"→"复制(C)",或按下快捷键"Ctrl + C",或输入"COPYCLIP"命令后回车。提示:

选择对象:

此时可按之前介绍的各种方法选择对象。选择完毕后,这些对象就会被放到剪贴板上。通过粘贴命令将剪贴板上的对象粘贴到指定位置。

【例3.22】把图形对象复制到剪贴板上。

命令:COPYCLIP ↵

选择对象:ALL ↵

找到 6 110 个

选择对象:↵

命令：

把全部图形对象复制到剪贴板上。本例的操作界面如图3.37所示。

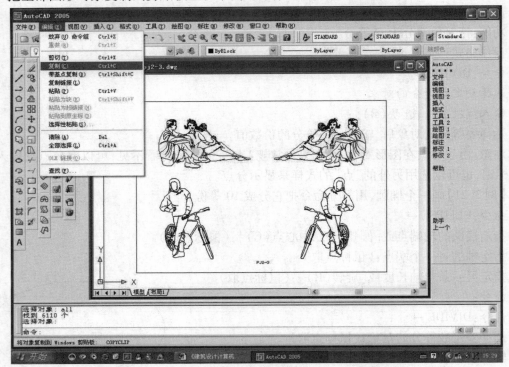

图3.37　把对象复制到剪贴板

3.9.8　剪切对象到剪贴板

命令行：CUTCLIP

下拉菜单：编辑→剪切（T）。

快捷键：Ctrl + X。

功能：将指定的对象放到剪贴板上。

操作格式：单击"编辑"→"剪切（T）"，或按下快捷键"Ctrl + X"，或输入"CUTCLIP"命令后回车。提示：

选择对象：

此时可按之前介绍的各种方法选择对象。选择完毕后，这些对象就会被放到剪贴板上。

与复制对象到剪贴板的操作不同的是，被剪切复制的对象放到剪贴板上后，将被从原图上删除。

【例3.23】把图3.37所示界面左上角的图形剪切复制到剪贴板上。

命令：CUTCLIP↵

选择对象：W↵

指定第一个角点：指定对角点：找到1 570 个

选择对象：↵

命令：

本例操作后，图3.37界面左上角的图形被剪切复制到剪贴板上，同时被剪切的图形对象在原图上已经被删除，如图3.38所示。

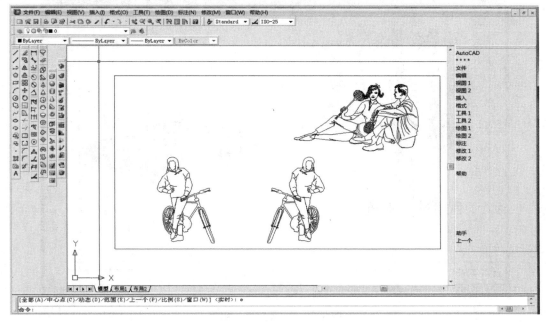

图3.38　把对象剪切到剪贴板

3.9.9　粘贴对象

命令行：PASTECLIP

下拉菜单：编辑→粘贴（P）。

快捷键：Ctrl + V。

功能：将剪贴板上的对象按指定比例粘贴到指定位置。

操作格式：单击"编辑"→"粘贴"（P），或按下快捷键"Ctrl + V"，或输入"PASTECLIP"命令后回车。提示：

指定插入点：（确定插入点）。

X 比例因子〈1〉／角点（C）／XYZ：（确定 X 方向的比例）。

Y 比例因子（缺省 = X）：（确定 Y 方向的比例）。

旋转角度〈0〉：（确定旋转角度）

执行结果：将剪贴板的对象按指定比例粘贴到指定位置。AutoCAD 2016 粘贴时无须指定比例，系统将按原有比例粘贴对象。

【例3.24】把【例3.23】剪切的图形对象粘贴到另一张图形中。

命令：PASTECLIP↵

指定插入点：（鼠标拖动到指定位置）

命令：

本例操作后的图形如图 3.39 和图 3.40 所示,这也是把各个图形对象拼装在一起,组成一张新图的例证。

图 3.39　调入的另一幅图

图 3.40　粘贴对象

实训 3

3.1 绘制两个圆和一条直线,用COPY命令进行复制,如图3.41所示。

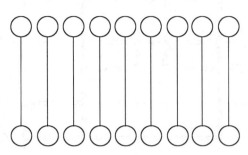

图3.41 复制图形

3.2 先绘制图3.42左边的图形,然后把它们修剪成右边的图形。

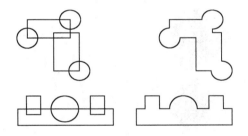

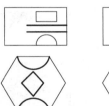

图3.42 修剪图形   图3.43 拉伸图形

3.3 先绘制图3.43左边的图形,然后把它们拉伸成右边的图形。

3.4 先绘制图3.44左边的图形,然后把它们延伸成右边的图形。

3.5 绘制并镜像图形,如图3.45所示。

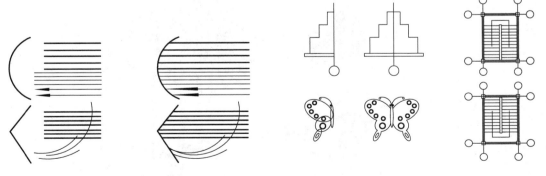

图3.44 延伸图形   图3.45 镜像图形

3.6 用偏移命令绘制轴网,X 向间距为 3600,900,900,3900,3300;Y 向间距为 2400,2400,1800,3300。再用平行线命令绘制墙线,再绘制门窗形成一个综合图形,如图 3.46 所示。

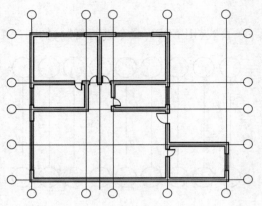

图 3.46 绘制综合图形

3.7 用环形阵列命令复制如图 3.47 所示的图形。

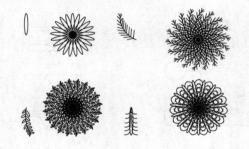

图 3.47 阵列复制图形

3.8 先绘制两个图形,再把其中一个图形放大 1 倍,另一个图形缩小 1 倍,如图 3.48 所示。

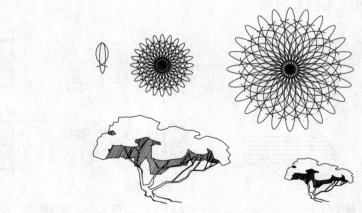

图 3.48 放大和缩小图形

3.9　先绘制图形,再把图形旋转90°,如图3.49所示。

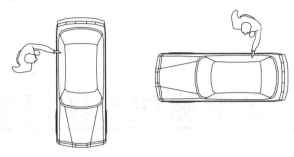

图3.49　旋转图形

3.10　已知D盘上有3个图形文件a1. dwg ,a2. dwg ,a3. dwg ,它们是3张建筑图纸。现在启动AutoCAD 2016,分别打开3个文件,用"复制对象到剪贴板"和"粘贴对象"编辑命令把图形文件a1. dwg ,a2. dwg ,a3. dwg 放在一个文件中,并另外用一个文件名存盘。

任务4　文字标注与图层管理

在进行各种建筑施工图绘制时,不仅要绘出图形,还要进行文字标注、尺寸标注等。本任务主要学习 AutoCAD 2016 的文字标注及图层管理的应用。此外,还可通过讲解一套建筑施工平面图的绘制,使读者充分理解和熟悉文字标注及文字编辑的应用。

4.1　文本样式与字体

在文字标注中,要标注各式各样的字和符号,而每种字和符号都有各种形式,因此,把字和符号按一定的要求归类,称为字的样式,也就是文本样式。在每种文本样式下的字又有各种形式,称为字的字体。把字体分类做成"形文件"保存起来,称为字库。字库中的字体"形文件"越多,就越丰富,在文字标注时使用起来就更加方便、更加灵活。

在 AutoCAD 2016 中文版中,图形上可以标注各式各样的字和符号。但是,一种文本样式下只能是一种字体,如果在同一文本样式下要改变某些字,则在这个样式下所有的字都要改变。

4.1.1　字体样式的选取

命令行:STYLE

下拉菜单:格式→文字样式。

操作格式:

命令:STYLE ↵

AutoCAD 2016 弹出"文字样式"对话框(图4.1),利用该对话框可以定义文字字体样式。对话框主要项的功能如下:

(1)样式(S)

建立新样式名字,为已有的样式更名或删除样式。AutoCAD 2016 为用户提供了名为"Standard"缺省样式名。

①新建:增加新的字体样式。方法为:单击"新建"按钮,AutoCAD 2016 弹出如图4.2所示对话框,用户可通过"样式名"文本框输入新的字体样式名。

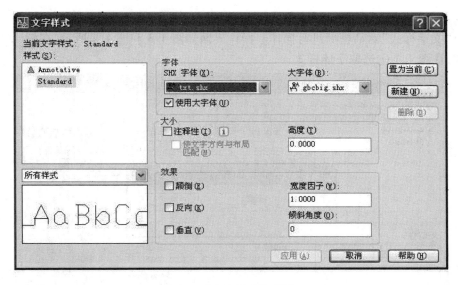

图4.1　"文字样式"对话框

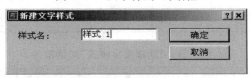

图4.2　"新建文字样式"对话框

②重命名:对已有的字体样式更名。方法为:从"样式(S)"列表中选择要更名的字体样式,单击"改名"按钮,打开重命名"文字样式"对话框进行更名。

③删除:单击鼠标右键选择"删除",弹出"删除"对话框,选择"是"即可删除该字体样式。如果该字型正在使用,那么将不能被删除。

（2）字体

选择字体文件。用户可通过字体名下拉列表选择需要的字体文件名,还可通过"高度"文本框确定文字的高度。

（3）效果

确定字符的特征。"颠倒"确定是否将文字倒置标注;"反向"确定是否将文字以镜像方式标注;"垂直"用于确定文字是水平标注还是垂直标注;"宽度因子（W）"用于设置字的宽度因子;"倾斜角度（O）"用于确定文字的倾斜角度。这些项的含义及其设置与前面介绍的相同,不再详细叙述。

（4）预览

预览所选择或确定的字体样式的形式。

用户可在编辑框中输入要预览的字符,输入的字符会按当前确定或选择的字体样式显示在"预览"下面的矩形框中。

（5）应用

确认用户对字体样式的设置。

【例4.1】利用STYLE命令建立新的样式和选取适当的字体样式。

命令:STYLE ↵

　　弹出"文字样式"对话框后进行操作。操作界面如图4.3和图4.4所示,在图4.3中建立新的样式,在图4.4中选取字体样式。

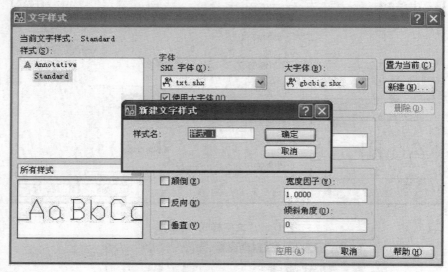

图4.3　"新建文字样式"对话框

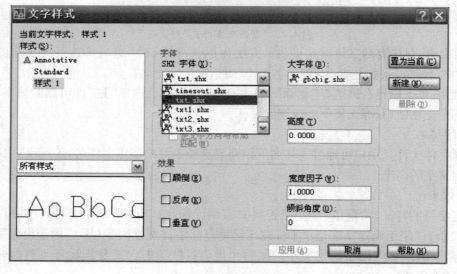

图4.4　选取文字字体样式

4.1.2　字体的选取

命令行:STYLE

下拉菜单:格式→字体样式。

操作格式:

命令:STYLE ↵

AutoCAD 2016 弹出"文字样式"对话框(图 4.5),利用该对话框可选取文字字体。

在图 4.5 中,选取的样式名是"样式 2",选取的字体名是"txt. shx",是标准的文本形文件;对应"样式 2"的还有大字体,选取字体名为"hzpmk. shx",即工程仿宋字体。因此,在以后的标注中可以使用一般文本(键盘上的符号)和工程仿宋字。

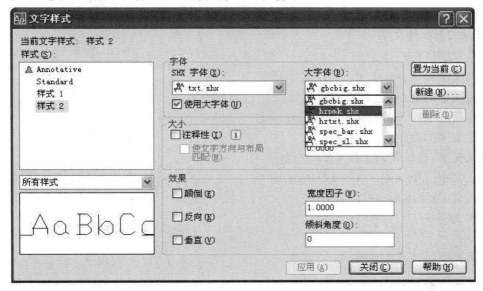

图 4.5　利用"文字样式"对话框选取字体

在选取字体时要对字体进行设置:

①效果。效果是字体显示的方式,有"颠倒""反向"和"垂直"3 种;如果不选,则按正常方式显示。

②高度。高度是文字的高度,在选择字体时可以设置一个高度值,以后的标注就用这个值。为标注方便,一般设为 0,在具体标注时可以重新设置。

③宽度因子。宽度因子是字体的高宽比(高/宽),一般取 0.7 ~ 0.8。

④倾斜角度。倾斜角度指字体与 X 轴的夹角,也就是字体的倾斜角度,一般设置为 0°。

4.2　文本标注

4.2.1　单行文本标注

命令行:TEXT(DTEXT)

下拉菜单:绘图→文字(X)→单行文字(S)。

功能:在图中标注一行文字。

操作格式:单击相应的菜单项、工具栏按钮或输入"TEXT"命令后回车。提示:

当前文字样式:hz　当前文字高度:0.0000

指定文字的起点或[对正(J)/样式(S)]:

指定高度<0.0000>：

指定文字的旋转角度<0>：

输入文字：

在提示下输入文字的起点坐标,指定文字高度和旋转角度,输入要标注的文字即可把文字标注在图上,如图4.6所示。

【例4.2】标注文字。

命令：DTEXT↵

当前文字样式：standard　当前文字高度：10.0000

指定文字的起点或[对正(J)/样式(S)]：(鼠标点取)

指定高度<10.0000>：30↵

指定文字的旋转角度<0>：↵

输入文字：建筑装饰工程 CAD 教程↵

输入文字：(Computer Aided Design)↵

输入文字：文本标注↵

输入文字：↵

命令：

本例操作后如图4.6所示。

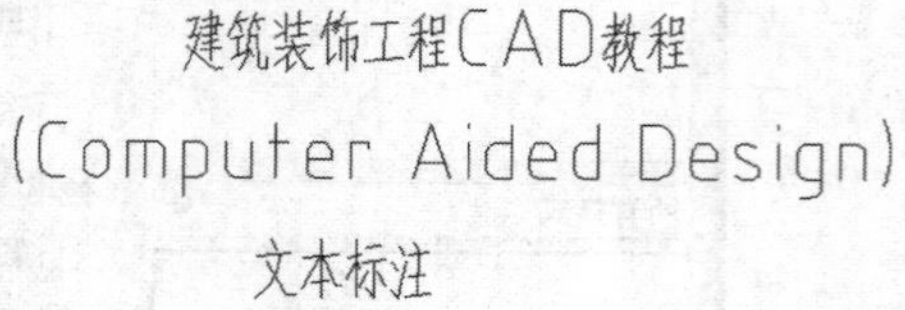

建筑装饰工程CAD教程

(Computer Aided Design)

文本标注

图4.6　文本标注

4.2.2　多行文本标注

命令行：MTEXT

下拉菜单：绘图→文字(X)→多行文字(M)。

功能：在图中标注多行文字。

操作格式：单击相应的菜单项、工具栏按钮或输入"MTEXT"命令后回车。提示：

当前文字样式："样式2"　文字高度：2.5　注释性：否

指定第一角点：(鼠标点取)

指定对角点或[高度(H)/对正(J)/行距(L)/旋转(R)/样式(S)/宽度(W)/栏(C)]：(鼠标点取)(出现多行文字格式工具栏,见图4.7)

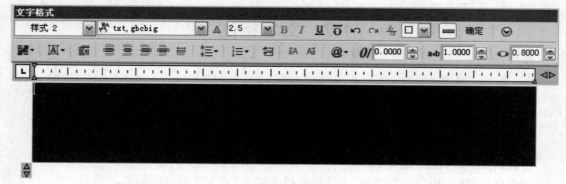

图4.7　多行文字格式工具栏

4.2.3   标注命令中的参数选择

文本标注中有很多标注形式,这些标注形式是通过不同的参数来控制的。这些参数的选取尤为重要,下面介绍这些参数的含义和使用方法。输入命令或单击相应菜单后提示:

命令:_dtext

当前文字样式:"样式2"   当前文字高度:10.0000

指定文字的起点或[对正(J)/样式(S)]:

(1)对正(J)

此选项用来确定所标注文字的排列方式。执行该选项,AutoCAD 2016 提示:

对齐(A)/调整(F)/中心(C)/中央(M)/右(R)/左上(TL)/中上(TC)/右上(TR)/左中(ML)/正中(MC)/右中(MR)/左下(BL)/中下(BC)/右下(BR):

以文字串"建筑装饰工程 CAD(Computer Aided Design)教程"(图4.8)为例,为所标注的文字定义顶线(Top line)、中线(Middle line)、基线(Base line)和底线(Bottom line)4 条线。

图4.8   文字位置

上面提示行各选项含义如下:

①对齐(A):此选项要求用户确定所标注文字行基线的始点位置与终点位置。执行该选项,AutoCAD 2016 提示:

文字行第一点:(确定文字行基线的始点位置)

文字行第二点:(确定文字行基线的终点位置)

文字:(输入文字串后回车)

执行结果:所输入的文字行字符均匀分布于指定的两点之间,且文字行的倾斜角度由两点间的连线确定;字高与字符串宽度会根据两点间的距离、字符的多少及文字的宽度因子自动确定。

注意:执行"对齐"选项后,根据提示依次从左向右与从右向左确定文字行基线上的两上点,会得到不同的标注效果,如图4.9 所示。

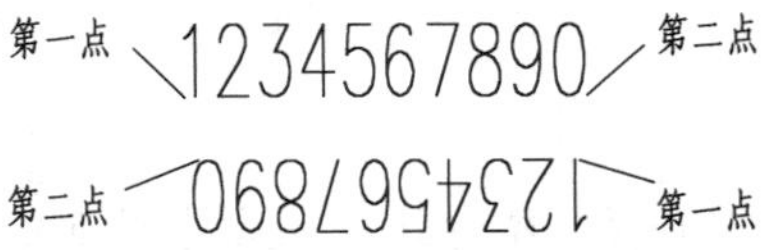

图4.9   对齐方式输入文字

②调整(F):此选项要求用户确定文字行基线的始点位置和终点位置及所标注文字的字高。执行该选项,AutoCAD 2016 提示:

高度:(确定文字的高度)

文字:(输入文字串后回车)

执行结果:所输入的文字行字符均匀分布于指定的两点之间,且字符高度为用户指定的高度,字符宽度则由所确定两点间的距离与字符的多少自动确定,如图4.10 所示。

③中心(C):此选项要求用户确定一个点,AutoCAD 2016 把该点作为所标注文字行基线

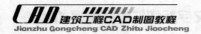

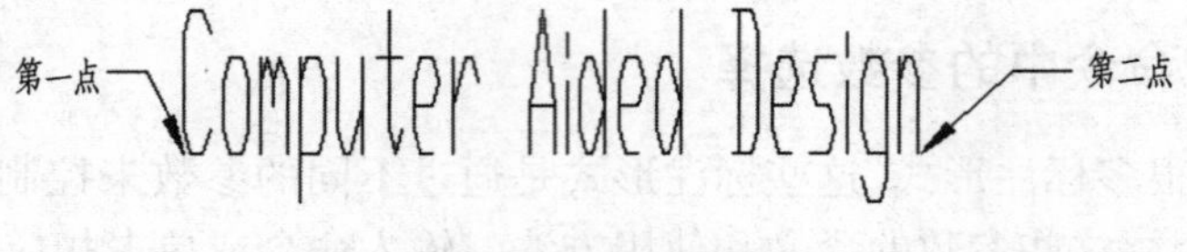
第一点
Computer Aided Design
第二点

图 4.10　调整方式输入文字

的中点。执行该选项,AutoCAD 2016 提示:

中心点:(确定一点作为文字行基线的中心)

高度:(确定文字的高度)

旋转角度:(确定文字行的倾斜角度)

文字:(输入文字串后回车)

执行结果:把该点作为所标注文字行基线的中点,文字按指定的高度及宽度因子分布在该点的两边,如图 4.11 所示。

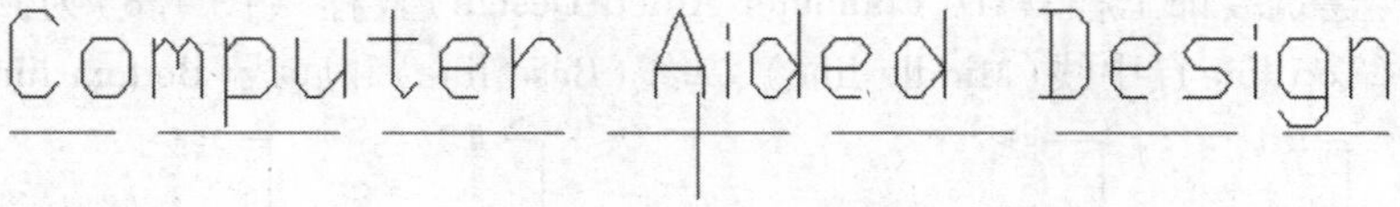
Computer Aided Design

图 4.11　中心方式输入文字

④中央(M):此选项要求用户确定一个点,AutoCAD 2016 把该点作为所标注文字行中线的中点。执行该选项,AutoCAD 2016 提示:

中央点:(确定一点作为文字行垂直和水平方向的中点)

旋转角度:(确定文字行的倾斜角度)

文字:(输入文字串后回车)

执行结果:把该点作为所标注文字行中线的中点,文字按指定的高度及宽度因子分布在该点的两边,如图 4.12 所示。

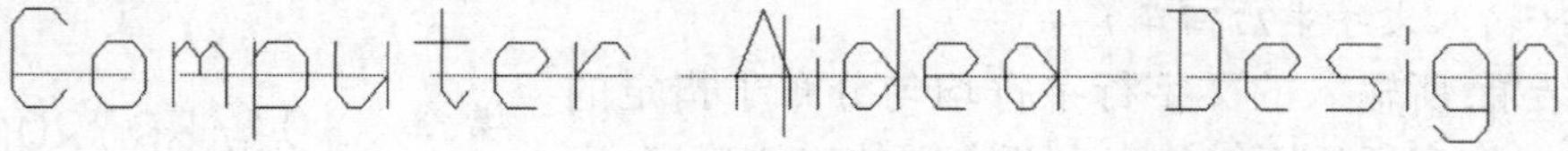
Computer Aided Design

图 4.12　中央方式输入文字

⑤右(R):此选项要求给定一个点,AutoCAD 2016 把该点作为文字行基线的终点。执行该选项,AutoCAD 2016 提示:

高度:(确定文字的高度)

旋转角度:(确定文字行的倾斜角度)

执行结果:把该点作为文字行基线的终点,文字按指定的高度及宽度因子标注在图上。

⑥左上(TL):此选项要求用户确定一个点,AutoCAD 2016 把该点作为文字行顶线的始点。执行该选项,AutoCAD 2016 提示:

左上点:(确定一点作为文字行顶线的始点)

高度:(确定文字的高度)

旋转角度:(确定文字行的倾斜角度)

文字:(输入文字串后回车)

⑦中上(TC):此选项要求用户确定一个点,AutoCAD 2016 把该点作为文字行顶线的中

点。执行该选项,AutoCAD 2016 提示:

中上点:(确定一点作为文字行顶线的中点)

高度:(确定文字的高度)

旋转角度:(确定文字行的倾斜角度)

文字:(输入文字串后回车)

⑧右上(TR):此选项要求用户确定一个点,AutoCAD 2016 把该点作为文字行顶线的终点。执行该选项,AutoCAD 2016 提示:

右下点:(确定一点作为文字行顶线的终点)

高度:(确定文字的高度)

旋转角度:(确定文字行的倾斜角度)

文字:(输入文字串后回车)

⑨左中(ML):此选项要求用户确定一个点,AutoCAD 2016 把该点作为文字行中线的始点。执行该选项,AutoCAD 2016 提示:

左中点:(确定一点作为文字行中线的始点)

高度:(确定文字的高度)

旋转角度:(确定文字行的倾斜角度)

文字:(输入文字串后回车)

⑩正中(MC):此选项要求用户确定一个点,AutoCAD 2016 把该点作为文字行中线的中点。执行该选项,AutoCAD 2016 提示:

正中点:(确定一点作为文字行中线的中点)

高度:(确定文字的高度)

旋转角度:(确定文字行的倾斜角度)

文字:(输入文字串后回车)

⑪右中(MR):此选项要求用户确定一个点,AutoCAD 2016 把该点作为文字行中线的终点。执行该选项,AutoCAD 2016 提示:

中上点:(确定一点作为文字行中线的终点)

高度:(确定文字的高度)

旋转角度:(确定文字行的倾斜角度)

文字:(输入文字串后回车)

⑫左下(BL):此选项要求用户确定一个点,AutoCAD 2016 把该点作为文字行底线的始点。执行该选项,AutoCAD 2016 提示:

左下点:(确定一点作为文字行底线的始点)

高度:(确定文字的高度)

旋转角度:(确定文字行的倾斜角度)

文字:(输入文字串后回车)

⑬中下(BC):此选项要求用户确定一个点,AutoCAD 2016 把该点作为文字行底线的中点。执行该选项,AutoCAD 2016 提示:

中下点:(确定一点作为文字行底线的中点)

高度:(确定文字的高度)

旋转角度:(确定文字行的倾斜角度)

文字:(输入文字串回车)

⑭右下(BR):此选项要求用户确定一个点,AutoCAD 2016 把该点作为文字行底线的终点。执行该选项,AutoCAD 2016 提示:

右下点:(确定一点作为文字行底线的终点)

高度:(确定文字的高度)

旋转角度:(确定文字行的倾斜角度)

文字:(输入文字串后回车)

图 4.13 以文字串"AutoCAD"为例说明了除"对齐"与"调整"两种文字排列形式以外的其余各种排列形式。

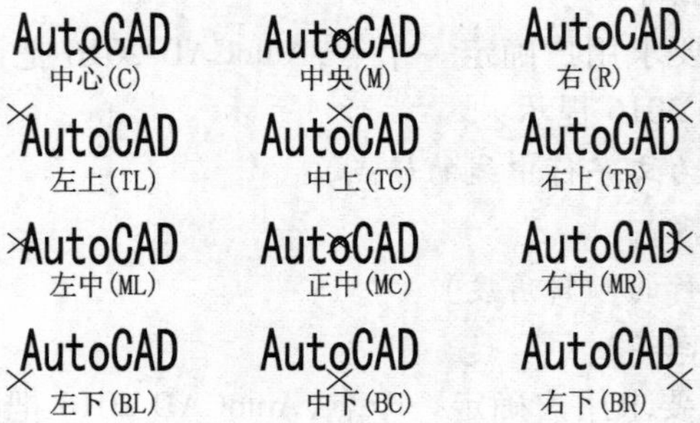

AutoCAD 中心(C)　　AutoCAD 中央(M)　　AutoCAD 右(R)

AutoCAD 左上(TL)　　AutoCAD 中上(TC)　　AutoCAD 右上(TR)

AutoCAD 左中(ML)　　AutoCAD 正中(MC)　　AutoCAD 右中(MR)

AutoCAD 左下(BL)　　AutoCAD 中下(BC)　　AutoCAD 右下(BR)

图 4.13　各种对正方式输入文字

(2)样式(S)

此选项用来确定所标注文字使用的字体样式。执行该选项,AutoCAD 2016 提示:

样式名(或?)<缺省值>:

在此提示下,用户可以键入标注文字时所使用的字体样式名字,也可键入"?",显示当前已有的字体样式。

(3)文字的起点

此选项用来确定文字行基线的始点位置,为缺省项。响应后,AutoCAD 2016 提示:

高度:(输入文字的字高)

旋转角度:(输入文字行的倾斜角度)

文字:(输入文字串)

这些参数的选取使用,可以使我们在图上标注的文字更加灵活、美观。

4.2.4　特殊字符的标注

实际绘图时,有时需要标注一些特殊字符(如希望在一段文字的上方或下方加画线、标注"°"(度)、"±"、"φ"等),以满足特殊需要。由于这些特殊字符不能从键盘上直接输入,AutoCAD 2016 提供了各种控制码以实现这些要求。控制码由 2 个百分号(%%)和在后面紧接的 1 个字符构成,表 4.1 是常用的控制码。

表 4.1　常用的控制码表

符　号	功　能	符　号	功　能
％％O	打开或关闭文字上画线	％％D	标注"度"符号(°)
％％U	打开或关闭文字下画线	％％C	标志"直径"符号(φ)
％％P	标志"正负公差"符号(±)		

注:％％O 或％％U 分别是上画线与下画线的开关。即当第一次出现此符号时,表明打开上画线或下画线;当第二次出现该符号时,则会关掉上画线或下画线。

下面举例说明控制码的使用方法。
在提示后输入:
我％％U 喜欢％％OAuto％％UCAD％％O 课程↵
75％％D　％％P0.000 ↵
则得到如图 4.14 所示的文字行。

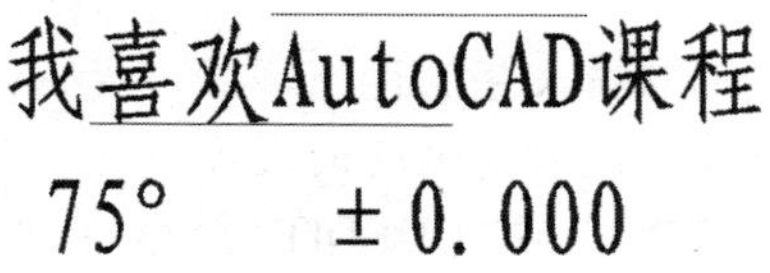

我喜欢AutoCAD课程
75°　　±0.000

图 4.14　用控制码输入文字

说明

①标注一行文字后,如果再执行 DTEXT 命令,则上一次标注的文字行会以高亮度方式显示。此时,若在"对正(J)/样式(S)/(起点):"提示下直接回车,AutoCAD 2016 会根据上一行文字的排列方式另起一行进行标注。

②执行 DTEXT 命令后,当提示"文字:"时,屏幕上会出现一小方框,其反映将要输入的字符的位置、大小及倾斜角度等。当输入一个字符时,AutoCAD 2016 会在屏幕上原小方框内显示该字符,同时小方框向后移动一个字符的位置,指明下一个字符的位置。

③在一个 DTEXT 命令下,可标注若干行文字。当输完一行文字后按回车键,屏幕上的小方框自动移动到下一行的起始位置上,同时在提示区出现"文字:",即允许用户输入第二行文字。以此类推,可以输入若干行文字,直至文字全部输完,在提示行出现"文字:"时按回车键为止。

④在输入文字的过程中,可以随时改变文字的位置。如果用户在输入文字的过程中想改变后面输入的文字行的位置,只要将光标移到新的位置并按拾取键,这时当前行结束,小方框会在用户所点取的新位置出现,而后用户可以在此继续输入文字。用这种方法可以把多行文字标注到屏幕上的任何地方。

⑤具有实时改错的功能。如果需要改正刚才输入的字符,只要按一次 Backspace 键即可删除该字符,同时小方框也回退一步。用这种方法可以从后向前删除已输入的多个字符。

⑥标注文字时,不论采用哪种文字方式,最初屏幕上的文字都是临时按左对齐的方式排列。当结束 DTEXT 命令时,文字从屏幕上消失,然后按指定的排列方式重新生成。

⑦当输入控制码时,控制码也临时显示在屏幕上;当结束 DTEXT 命令,重新生成后,控制码才从屏幕上消失。

4.3　文本编辑

当文本标注有误或需要修改时,就要对标注的文本进行编辑。编辑包括对文字本身的修改和参数的修改。

4.3.1　DDEDIT 编辑文字

命令行:DDEDIT
下拉菜单:修改→对象→文字。
功能:修改文字。
操作格式:
命令:DDEDIT(回车或用鼠标双击文字)
<选择注释对象>/放弃(U):(选取要编辑的文字)↵
如果用户选取的文字是用"TEXT"或"DDEDIT"命令标注的,那么会弹出文字编辑对话框。其中在"文字"文本框内显示出欲修改的文字内容(文本框中显示的文字表示要修改的文字),利用该文本框即可对选取的文字进行修改。

【例 4.3】用 DDEDIT 命令修改图 4.6 中的文字。

命令:DDEDIT ↵
选择注释对象或[放弃(U)]:(鼠标点取要修改的文字)
选择注释对象或[放弃(U)]:↵ * 取消 *
命令:
本例操作后的图形如图 4.15 所示。

图 4.15　修改后的文字标注

4.3.2 DDMODIFY 特殊修改

命令行:PROPERTIES 或 DDMODIFY

下拉菜单:修改→特性。

工具栏:特性。

功能:修改文字的内容以及文字标注方式的各种参数。

操作格式:点取相应的图标或输入命令"PROPERTIES"后回车,弹出"特性"修改对话框,如图4.16 所示。用鼠标选择一个要修改的对象,点取文字"AutoCAD",对话框内容如图4.16所示。下面介绍该对话框中各项内容的功能。

(1)基本

①颜色:用来修改文字的颜色。点取该按钮,AutoCAD 2016 弹出用于设置颜色的下拉列表,用户可以从中选取某一种颜色作为文字的颜色,也可以选用"随层"或"随块"项确定文字的颜色。

②线型:用来改变文字的线型。点取该按钮,AutoCAD 2016 弹出设置线型下拉列表,用户可利用其进行修改。

③图层:用来改变文字的图层。点取该按钮,AutoCAD 2016 弹出设置图层下拉列表,用户可利用其进行修改。

(2)文字

①内容:文本框内显示当前修改的文字内容。用户可利用该文本框对文字的内容进行修改。

②样式:改变文字的字体样式。点取"样式"右边的小箭头,也会弹出样式名下拉列表,其显示当前已有的字体样式的名字,用户可从中选取某字体样式作为所修改文字的字体样式。

图4.16 "特性"修改对话框

③对正:改变文字的排列形式。点取"对正"右边的小箭头,则弹出对正下拉列表,其显示用户可以使用的各种排列方式,用户可从中点取一项作为文字的新排列方式。

④高度:通过文本框来改变文字的高度。

⑤旋转:通过文本框来改变文字行的旋转角度。

⑥宽度因子:通过文本框修改文字的宽度因子。

⑦倾斜:通过文本框修改文字的倾斜角度。

(3)几何图形

文字的插入点若点取"拾取点"按钮,AutoCAD 2016 则临时切换到绘图屏幕,要求用户选取新的插入点的位置。用户做出选取后(也可直接回车,即不做更改),AutoCAD 2016 又返回到对象特征对话框。用户也可以在 X,Y,Z 文本框内直接输入文字的插入点的坐标。

(4)其他

①颠倒:确定文字倒写与否。若打开此开关,表示文字将倒写,否则按正常方式书写。

②反向：确定是否将文字反标注。打开此开关则反标注，否则为正标注。

【例4.4】利用 DDMODIFY 命令修改图 4.6 中的"我喜欢学习 CAD 课"文本。

命令：DDMODIFY ↵

PROPERTIES

命令：_. PSELECT

选择对象：找到 1 个

选择对象：↵

命令：

本例操作中选取对象"我喜欢学习 CAD 课"，"高度"由"30"改为"200"，把文本设置为"颠倒"。操作和修改后的图形如图 4.17 和图 4.18 所示。

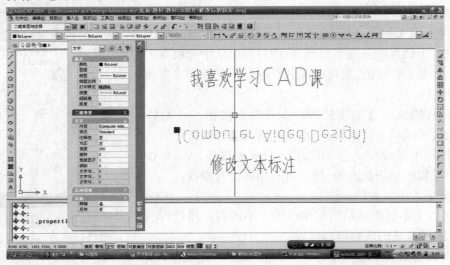

图 4.17　修改文本对话框

图 4.18　修改后的文字标注

4.4　图层的特性

AutoCAD 2016 绘出的每一个对象都具有图层、颜色、线宽、线型 4 个基本特征。AutoCAD 2016 允许用户建立、选用不同的图层来绘图,也允许用户用不同的线型与颜色绘图。充分运用软件提供的这些功能,可以极大地方便绘图操作,提高绘制复杂图形的效率。本章重点介绍图层、颜色、线宽及线型方面的内容。

4.4.1　图层的颜色

每一个图层都具有一定的颜色。所谓图层的颜色,是指该图层上面的实体颜色。图层的颜色用颜色号表示,颜色号标示为 1 ~ 255 的整数。不同的图层可以设置成相同的颜色,也可以设置成不同的颜色。

AutoCAD 2016 将前 7 个颜色号赋予标准颜色,它们分别是红(Red)、黄(Yellow)、绿(Green)、青(Cyan)、蓝(Blue)、洋红(Magenta)、白(White)。

注意:如果绘图区域的背景颜色是白色,在显示 7 号颜色时,实际为黑色。

8 ~ 255 的颜色号在一定程度上也是标准的,但依赖于显示器能够显示的颜色数。

对于只显示 8 种颜色的显示器,大于 7 的颜色通常显示为白色。

对于可显示 16 种颜色的显示器,颜色号 8 通常是黑色或灰色,而 9 ~ 15 号的颜色通常是 1 ~ 7 号的增亮颜色。

支持 256 种颜色的显示器,对于颜色号为 1 ~ 249 的颜色,其色调由前两位数字决定,颜色的浓度和值由最后一位数字决定。颜色号 250 ~ 255 用于 6 种灰度,250 号最暗,255 号最亮。

4.4.2　图层的线型

图层的线型是指在图层上绘图时所用的线型,每一层都应有一个相应线型。不同的图层可以设置成不同的线型,也可以设置成相同的线型。AutoCAD 2016 为用户提供了标准的线型库,用户可根据需要从中选择线型,也可以定义自己专用的线型。

当在某一图层上绘制实体时,该实体可采用图层应具有的线型,用户也可以为每一个实体单独规定线型。

受线型影响的绘图实体有线、构造线、射线、复合线、圆、圆弧、样条曲线及多段线等。如果一条线太短,不能画出线型所具有的点线,AutoCAD 2016 就在两点之间画一条实线。在所有新建立的图层上,如果用户不指明线型,系统均按缺省方式把该层的线型定义为"CONTIN-UOUS",即实线线型。

4.5 图层的管理

在了解图层的基本特点之后,需要对图层进行管理,具体包括图层的定义设置、图层的颜色设置、图层的线型设置、图层的线宽设置等操作。

4.5.1 图层管理对话框

1)图层特性管理器对话框

命令行:LAYER

下拉菜单:格式→图层(L)。

假设已建立了"标注""墙体"和"窗线"等图层以及相应的颜色、线型与线宽,单击相应的下拉菜单或输入"LAYER"命令后回车,弹出"图层特性管理器"对话框(图4.19)。下面介绍该对话框中各项内容的功能。

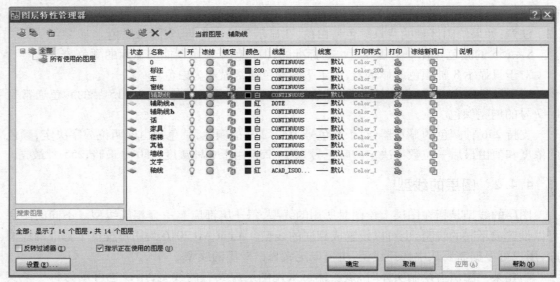

图4.19 "图层特性管理器"对话框

(1)大矩形区域

大矩形区域显示已有的图层及其设置,如果用户利用此对话框建立图层,新建图层也会列在上面。大矩形区域的上方有一标题行,该标题行各项含义如下所述。

①名称:此项对应列显示各图层的名字,图4.19中说明当前已有名为"0"(缺省)、"标注""窗线"和"辅助"等图层。如果要对某层进行设置,一般首先应单击该层的层名,使该项反向显示。

②开:设置图层打开与否。"开"所对应的列是小灯泡图标,如果灯泡颜色是黄色,表示其对应图层是打开的,若将该层关闭,单击对应的小灯泡使其变成蓝色;如果灯泡颜色是蓝色,则表示其对应图层是关闭的,若将该层打开,单击对应的小灯泡使其变成黄色。

　　如果将当前层关闭,会显示出对话框,它警告用户正在关闭当前层,但用户可以确认是否关闭当前层。另外,单击"开",还会调整各图层的排列顺序,使当前关闭的图层放在最前面或最后面。

　　③冻结:该项对应列控制所有视图中各图层冻结与否。如果某层对应图标是太阳状,表示该层是非冻结,若将该图层冻结,则单击对应图标,使其变成雪花状即可;如果某个图层对应的图标是雪花状,则表示该层是冻结,若将该层解冻,单击对应图标,使其变成太阳状即可。

　　用户不能将当前层冻结,也不能将冻结层设为当前层。如果要将当前层冻结,系统会提示"不能冻结当前图层";如果要将冻结的图层设为当前层,系统同样会提示"不能将冻结的图层设为当前层"。

　　④锁定:该项控制对应图层锁定与否。在该项对应列中,如果某层对应图标是打开的锁,则表示该层是非锁定的,若将该层锁定,单击对应图标使其变成非打开状即可;如果某层对应图标是关闭的锁,表示该层是锁定的,若将该层解锁,单击对应图标使其变成打开状即可。

　　⑤颜色:该项对应列显示各图层的颜色。如果要改变某一图层的颜色,单击对应图标,则会弹出"选择颜色"对话框,用户可以从中选取。

　　⑥线型:该项对应列显示各图层的线型。如果要改变某一图层的线型,单击对应线型名,则会弹出"线型选择"对话框,用户可选择一种线型作为当前层的线型。

　　⑦线宽:该项对应列显示各图层的线宽。如果要改变某一图层的线宽,可单击对应的线宽名,则会弹出"线宽"对话框,用户可以对该图层的线宽进行设置。

　　⑧打印样式:在"打印样式"栏中列出了图层的输出样式,该属性用来确定图层的输出样式。

　　⑨打印:在"打印"栏中列出了图层的输出状态,该属性用来确定图层是否打印输出。在对应的列表中,单击某个图层中对应的打印机图标,可控制该图层是否进行打印。

　　此外,当利用"图层特性管理器"对话框进行设置时,将光标放在上述任一图层名上,单击鼠标右键,则会弹出快捷菜单,该菜单中有"全部选择"和"全部清除"两项,前者表示对当前所操作图标对应列的各项都设置,而后者表示取消各设置。

　　(2)当前层

　　使某层变为当前层,方法为:首先选择该层,然后单击"当前"按钮。

　　(3)新建

　　建立新图层,方法为:单击"新建"按钮,AutoCAD 2016 会自动建立名为"图层 n"的图层(其中 n 为起始于 1 的数字),用户可以修改图层名。

　　(4)删除

　　删除图层,方法为:首先选择该层,然后单击"删除"按钮。

　　注意:要删除的图层必须是空图层,即此图层上没有图形对象,否则 AutoCAD 2016 会拒绝删除,并弹出对话框。

　　(5)详细信息

　　设置图层的状态。

　　①名称:修改图层层名,输入该图层的新名。修改图层层名的步骤:选择大矩形区域内的图层名,该层的名字就会显示在"名称"文本框中,用户在此编辑框中直接修改即可。

②颜色:改变图层的颜色,可通过其对应的下拉列表操作。

③线型:改变图层的线型,可通过其对应的下拉列表操作。

④保留外部参照依赖图层的修改:在当前图中引入其他外部图形文件时,确定是否保留当前图形中外部引用的图层设置,打开开关保留,否则不保留。

⑤开:确定图层是打开还是关闭,打开开关会使图层打开,否则图层关闭。

⑥冻结在所有视口中:确定是否冻结所有视口中的图层,点取复选框表示冻结,否则不冻结。

⑦冻结在当前视口中:确定是否冻结当前视口中的图层,点取复选框表示冻结,否则不冻结。

⑧冻结在新建视口中:确定是否冻结新建视口中的图层,点取复选框表示冻结,否则不冻结。

⑨锁定:确定是否锁定图层,点取复选框表示锁定,否则不锁定。

2)利用工具栏操作图层

AutoCAD 2016 提供了"对象特征"工具栏,利用它可以方便地对图层进行操作、设置。

(1)图层设置工具栏

此工具栏可以设置图层为当前层、图层加锁或解锁,还可以进行打开或关闭图层、冻结或解冻图层等操作。

(2)颜色设置工具栏

此工具栏可以设置图层的颜色,从下拉颜色菜单中选取相应的颜色。如果没有想要的颜色,选取"其他",将弹出选择"颜色"对话框来选择颜色,选中的颜色将被添加到下拉颜色菜单中。

(3)线型设置工具栏

此工具栏可以设置图层的线型,从下拉线型菜单中选取相应的线型。如果没有想要的线型,选取"其他",将弹出"线型管理"对话框来选择线型,选中的线型将被添加到下拉线型菜单中。

(4)线宽设置工具栏

此工具栏可以设置图层的线型宽度,从下拉线型宽度菜单中选取相应的线型宽度。

4.5.2　颜色管理对话框

命令行:COLOR

下拉菜单:格式→颜色(C)。

功能:设置图层或图形对象的颜色。

操作格式:单击相应的菜单项、工具栏按钮,或输入"COLOR"命令后回车,弹出"选择颜色"对话框。图层的颜色设置在"选择颜色"对话框进行操作,有"索引颜色""真彩色""配色系统"3 个选项卡(图 4.20、图 4.21),它们都可以用来设置颜色。操作时用鼠标点取一种颜色,单击"确定"按钮即可。

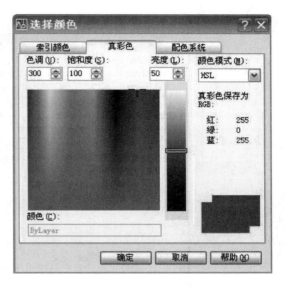

图4.20　"索引颜色"选项卡　　　　　　图4.21　"真彩色"选项卡

4.5.3　线型管理对话框

绘图时,经常用不同的线型,如虚线、点画线、中心线等,AutoCAD 2016 提供了丰富的线型,这些线型存放在文本文件 ACAD. LIN 中,用户可根据需要从中选择所需要的线型。除此之外,用户还可以根据需要自定义线型,以满足特殊需要。

1)设置线型

命令行:LINETYPE

下拉菜单:格式→线型(N)。

功能:设置图层或图形对象的线型。

操作格式:单击相应的菜单项、工具栏按钮或输入"LINETYPE"命令后回车,弹出"线型管理器"对话框,如图 4.22 所示。

线型可以帮助表达图形中对象所要表达的信息。可用不同的线型区分一条线与其他线的用途。一种线型定义由一种重复的图案"点—实线段—空格"组成,它也可以是一种包括文本和形的重复图案。该定义确定了图案的顺序和相对长度。线型确定了对象在屏幕上显示和打印时的外观。作为默认设置,每个图形至少有 3 种线型:连续、随层和随块。在图形中,还可以包括其他不受数量限制的线型。在创建一个对象时,它使用当前线型创建对象,作为默认设置,当前线型是"随层",其含义是:该对象的实际线型由所绘制的对象所处图层的指定线型决定。对于"随层"设置,如果修改了指定图层的线型,那么所有在该图层上创建的对象都将受新线型的影响而改变。可以选择一种指定的线型作为当前线型,因此可以忽略图层的线型设置。AutoCAD 2016 将使用指定的线型创建对象,并且修改图层线型时也不会影响到它们。作为第 3 个选项,可以使用指定的线型"随块"。如果选择了"随块",所有对象在最初绘制时,所使用的线型是连续线。一旦将对象编辑为一个图块,在将该块插入图形中时,它们将继承当前层的线型设置。如果要改变某一层的线型,可以利用"图层特性管理器",单击图层对应线型名,则会弹出"线型管理器"对话框(图 4.22),用户可在表中选择一种线型作为当前

层的线型。

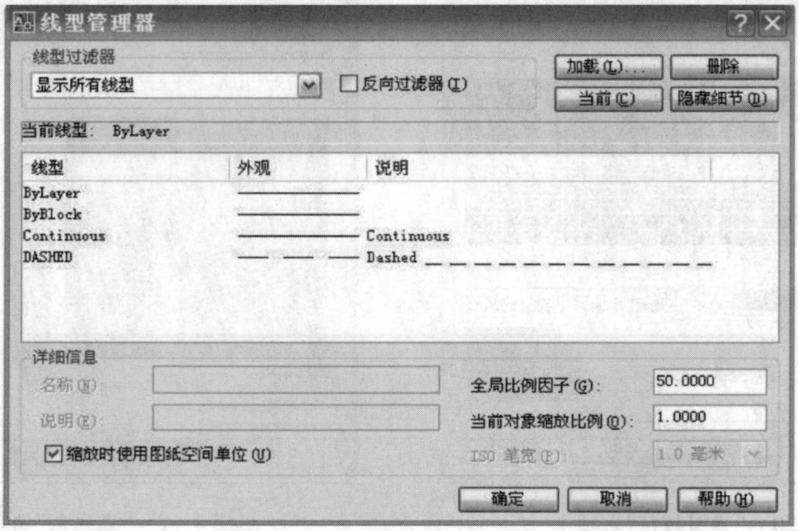

图 4.22 "线型管理器"对话框

如果列表中没有需要的线型,按"加载(L)"按钮,AutoCAD 2016 将弹出"加载或重载线型"对话框(图 4.23)。AutoCAD 2016 通常使用它的默认线型库文件之一(ACAD.LIN 用于英制测量单位,ACADISO.LIN 用于公制测量单位)。可单击"文件(F)…",从不同的线型库文件中加载线型定义;然后在"可用线型"列表中,选择一种或多种要加载的线型,并单击"确定"按钮。AutoCAD 2016 将这些线型加载到"线型管理器"对话框中的线型列表中。新线型也将在"对象特性"工具栏"线型控制"下拉列表中列出。在用各种线型绘图时,除了"CONTINUOUS"线型外,每一种线型都是由实线段、空白段、点或文字、形所组成的序列。在线型定义中已定义了这些小段的长度,显示在屏幕上的每一小段的长度与显示时的缩放倍数和线型比例成正比。当在屏幕或绘图仪上输出的线型不合适时,可通过改变线型比例来放大或缩小所有线型的每一小段的长度。

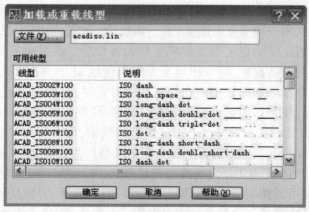

图 4.23 "加载或重载线型"对话框

2）设置线型比例

（1）设置全局线型比例

命令行：LTSCALE

功能：确定所有线型的比例因子。

操作格式：

命令：LTSCALE ↵

新比例因子〈因前值〉：

用户在此提示下输入线型的比例值，AutoCAD 2016 会按此比例重新生成图形并提示：

重新生成图形

说明

LTSCALE 命令对存在的所有对象和新输入对象的线型均起作用，且会持续到下一个线型比例命令为止。利用图层设置对话框的"全局缩放比例"文本框也可以改变线型的全局比例因子。

（2）设置新线型的比例

AutoCAD 2016 有控制线型比例的系数变量——CELT-SCALE，用该变量设置线型比例后，在此之后所绘图形的线型比例均为此线型比例。

【例 4.5】用不同的线型画图。

点取不同的线型分别画不同的图，如图 4.24 所示。

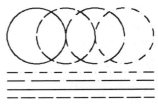

图 4.24　不同线型绘图

4.5.4　线宽管理对话框

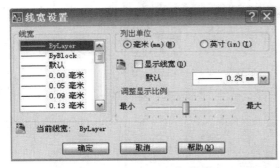

图 4.25　"线宽设置"对话框

命令行：LWEIGHT

下拉菜单：格式→线宽设置。

功能：给线宽赋值。

操作格式：菜单栏选择"格式"→"线宽"或在状态栏的"线宽"按钮上单击右键，并选择"设置"，或输入"LWEIGHT"命令后回车，将弹出"线宽设置"对话框（图 4.25），由对话框操作来设置线的宽度，也可以从线宽工具栏选取线宽值。

说明

AutoCAD 2016 提供的另一个新特性是可以给线宽赋值，就像线型一样，用线宽可以表达图形中对象所要表达的信息。例如，可以用粗线表示横截面的轮廓线，用细线表示横截面中的填充图案。

在 AutoCAD 的早期版本中（如 R14 版），如果要打印图形，必须用多段线创建带宽度的线或为直线赋予线宽值。这种方式既不方便也不直观，而且如果仅在打印时给线宽赋值，那么在屏幕上就看不到线宽。在 AutoCAD 2016 中，可以给每个图层或每个对象的线宽赋值，并且

可以在图形中看到实际的线宽。

AutoCAD 2016 拥有 23 种有效的线宽值,范围为 0.05 ~ 2.11 mm(0.002 ~ 0.083 in),另外还有"随层""随块""缺省"和"0"线宽值。线宽值为"0"时,在模型空间中,总是按一个像素显示,并按尽可能轻的线条打印。"缺省"的线宽值是最初设置的 0.25 mm(0.01 in),该值可以被设置为其他的有效线宽值。任何等于或小于"缺省"线宽值的线宽,在模型空间中都将显示为一个像素,但是在打印该线宽时,将按打印时赋予的宽度值来打印。

4.5.5　特性匹配

命令行:MATCHPROP

工具栏:特性匹配。

功能:将某些对象(这些对象称为目的对象)的特性(颜色、图层、线型、线型比例等)改变成另外一些对象(这些对象称为源对象)的特性。

操作格式:单击工具栏图标"特性匹配"。提示:

选择源对象:

在此提示下选择源对象,提示:

当前活动设置 = 颜色 图层 线型 线型比例 线宽 厚度 文字 标注 图案填充 打印样式(此行说明目前的有效匹配有颜色、图层、线型、线型比例、线宽、厚度、文字、尺寸标注、打印样式以及填充的图案)

设置(S)/(选择目标对象):

在此提示下执行"设置"项,会弹出"特性设置"对话框(图4.26),利用它可设置要匹配的项。

图4.26　"特性设置"对话框

如果在"设置(S)/(选择目标对象):"提示下选择对象,这些对象即为目的对象,执行的结果是目的对象的特性由源对象的特性替代。

实训 4

4.1　按图 4.27 所示的格式和尺寸绘制图签,并按图示内容标注标题栏上的文字。

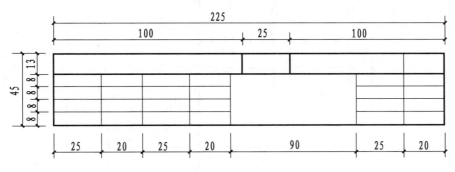

××职业技术学校			工程项目	建筑工程CAD制图	
教　师	年　级			设 计 号	
审　核	专　业			图　别	
项目负责	设　计			图　号	
专业负责	制　图			日　期	

图 4.27　标题栏

4.2　在绘制好标题栏的基础上绘制一个 2 号图框,外框 594×420(用细实线),内框线距外框线:左边"25",上、下和右边"10"(用 0.9 mm 的粗实线),并把标题栏移到内框的右下角,如图 4.28 所示。

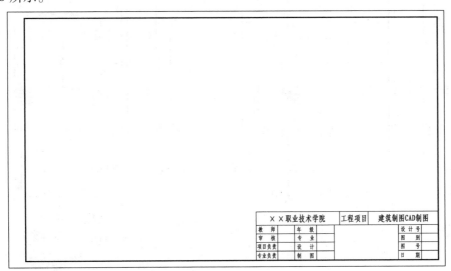

图 4.28　完整的图框

4.3 调入图框,绘制如图4.29所示图形。

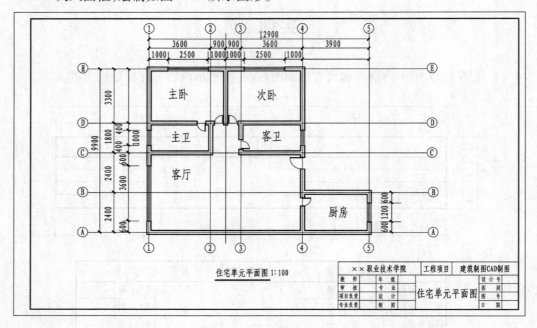

图 4.29 住宅单元平面图

4.4 调入图框,绘制如图4.30所示图形。

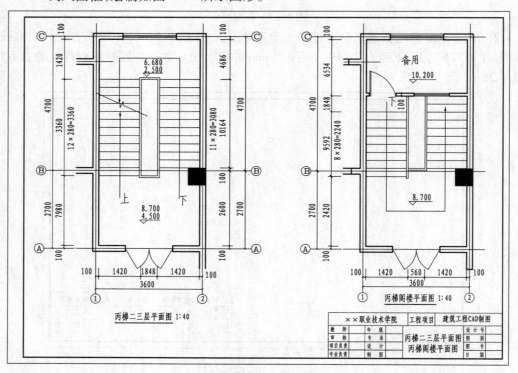

图 4.30 平面图

4.5   定义不同的线型和线宽,绘制如图 4.31 所示图形。

4.6   绘制如图 4.32 所示的综合图形。

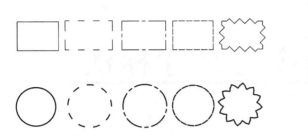

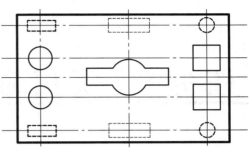

图 4.31   不同线型和线宽的图形   图 4.32   综合图形

4.7   根据相关知识,完成如图 4.33 所示的图层设置与管理,包含图层的命名、颜色、线型、线宽等。

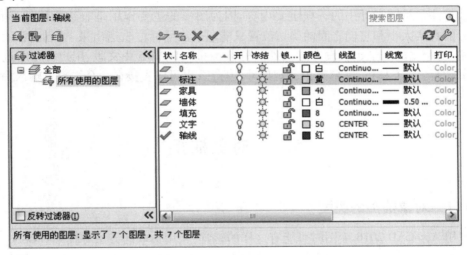

图 4.33   图层设置与管理

任务5 实用命令与尺寸标注

利用前面任务介绍的绘图命令与图形编辑命令,虽然能够绘出各种基本图形,但仍会让使用者感到不方便。AutoCAD 2016 提供了多种绘图辅助功能、图形显示控制方式,利用这些功能可以方便、迅速、准确地绘出所需要的图形。

尺寸标注是绘图设计中的一项重要内容,因为图形的主要作用是表达物体的形状,而物体各部分的真实大小和它们之间的确切位置只能通过尺寸标注表达出来。因此,没有正确的尺寸标注,所绘出的图纸也就没有意义了。利用 AutoCAD 2016 中文版,用户可以通过"标注"下拉菜单、"标注"工具栏、屏幕菜单实现尺寸的标注;也可以直接在命令提示行输入命令来标注尺寸。

5.1 对象捕捉

5.1.1 对象捕捉的类型

用户用 AutoCAD 2016 绘图时可能有这样的感觉:当用拾取的方法寻找某些特殊点时(如圆心、切点、线或圆弧的端点、中点等),会感到十分困难;又如绘一条线,该线以某圆的圆心为起始点,用拾取的方式找到此圆心也会十分困难。为解决这样的问题,AutoCAD 2016 提供了对象捕捉功能,利用该功能,用户可以迅速、准确地捕捉到某些特殊点,从而能够迅速、准确地绘出图形。

1)对象捕捉的模式

表 5.1 列出了 AutoCAD 2016 常用的对象(目标)捕捉模式。

2)使用对象捕捉功能

绘图时,当命令提示行提示输入一点时,可利用对象捕捉功能准确地捕捉到上述特殊点。其方法是:在命令提示行提示输入一点时,输入相应捕捉方式的关键词(表 5.1)后回车,然后根据提示操作即可。下面举例说明。

表 5.1 对象捕捉模式表

模 式	关键词	功 能
圆心点	CEN	圆或圆弧的圆心
端点	END	线段或圆弧的端点
延长线	EXT	捕捉到圆弧或直线的延长线
插入点	INS	块或文字的插入点
交点	INT	线段、圆弧、圆等对象之间的交点
中点	MID	线段或圆弧上的中点
最近点	NEA	离拾取点最近的线段、圆弧、圆等对象上的点
节点	NOD	用 POINT 命令生成的点
垂直点	PER	与一个点的连线垂直的点
象限点	QUA	四分圆点
切点	TAN	与圆或圆弧相切的点
追踪	TK	相对于指定点,沿水平或垂直方向确定另外一点

【例 5.1】在图 5.1(a)中,用对象捕捉的方式从小圆的圆心向大圆的上方作切线,然后向直线作垂直线。步骤:

命令:LINE ↵

指定第一点:Cen(P1 点小圆的圆心)

于

指定下一点或[放弃(U)]:Tan(P2 点大圆的上方作切线)

到

指定下一点或[放弃(U)]:Per(P3 点向直线作垂直线)

到

指定下一点或[闭合(C)/放弃(U)]↵

执行结果如图 5.1(b)所示。

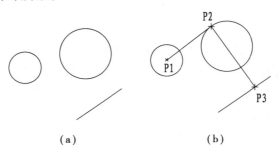

(a)　　　　　　　　　　　　(b)

图 5.1 用 LINE 命令结合对象捕捉绘图

【例 5.2】在图 5.2(a)中,用对象捕捉的方式画一个圆,使其通过圆弧的右端点、两条直线

的交点及小圆的圆心。步骤：

命令：CIRCLE ↵

指定圆的圆心或［三点（3P）/两点（2P）/相切、相切、半径（T）］：3P ↵

指定圆上的第一个点：Int（P1 两条直线的交点）

指定圆上的第二个点：End（P2 圆弧的右端点）

指定圆上的第三个点：Cen（P3 小圆的圆心）

执行结果如图5.2（b）所示。

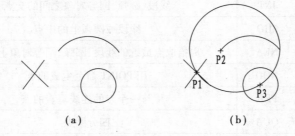

（a）　　　　　　　　　　　　　　　（b）

图5.2　用 CIRCLE 命令结合对象捕捉绘图

【例5.3】在图5.3（a）中，画一个三角形使其通过短直线的中点、垂直于长直线并且通过小圆的左象限点。步骤：

命令：LINE ↵

指定第一点：Mid（P1 短直线的中点）

指定下一点或［放弃（U）］：Per（P2 垂直于长直线）

指定下一点或［放弃（U）］：Qua（P3 小圆的左象限点）

指定下一点或［闭合（C）/放弃（U）］：C ↵

执行结果如图5.3（b）所示。

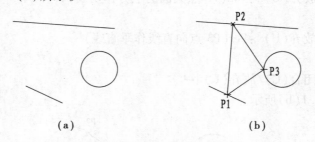

（a）　　　　　　　　　　　　　　　（b）

图5.3　用 LINE 命令结合对象捕捉绘图

对象捕捉方式在修改命令中也被频繁地使用。下面介绍在修改命令中如何使用对象捕捉方式。

【例5.4】在长方形的左下角画一个直径为"800"的圆，然后再把该圆复制到长方形的另外3个角及长边的中点上。步骤：

命令：CIRCLE ↵

指定圆的圆心或［三点（3P）/两点（2P）/相切、相切、半径（T）］：Int ↵

指定圆的半径或［直径（D）］＜2528＞：800 ↵

命令:COPY ↵

选择对象:找到 1 个

选择对象:

指定基点或位移,或者[重复(M)]:M ↵

指定基点:Int(四边形的一个端点)

指定位移的第二点或 <用第一点作位移 >:Int(四边形的一个端点)

指定位移的第二点或 <用第一点作位移 >:Int(四边形的一个端点)

指定位移的第二点或 <用第一点作位移 >:Int(四边形的一个端点)

指定位移的第二点或 <用第一点作位移 >:Mid(四边形长边的一个端点)

指定位移的第二点或 <用第一点作位移 >:Mid(四边形长边的一个端点)

指定位移的第二点或 <用第一点作位移 >:↵

执行结果如图5.4 所示。

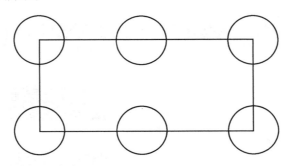

图5.4　用 COPY 命令结合对象捕捉绘图

5.1.2　对象捕捉方式的设置

命令行:OSNAP

下拉菜单:工具→草图设置→对象捕捉。

功能:用户可以根据需要事先设置一些对象捕捉模式,在绘图时 AutoCAD 2016 能自动捕捉到已设捕捉模式的特殊点。

设置方法:单击下拉菜单"工具"→"草图设置"→"对象捕捉"或输入"OSNAP"命令后回车,用户可以在"对象捕捉"设置选项[图5.5(a)]中确定隐含对象捕捉,同时还能够设置对象捕捉时拾取框的大小。在"草图设置"对话框中,还可以对"捕捉和栅格""极轴追踪""动态输入"进行相应的操作,如图5.5 所示。

1) AutoSnap 功能

功能:利用 AutoSnap 功能,用户可以对捕捉靶的大小、颜色进行调整。

设置方法:单击下拉菜单"工具"→"草图设置"→"对象捕捉"或输入"OSNAP"命令后回车,在"对象捕捉"设置选项卡[图5.5(a)]中,单击"选项(T)"按钮,打开"选项"对话框,就可以设置捕捉靶的大小、颜色,如图5.6 所示。

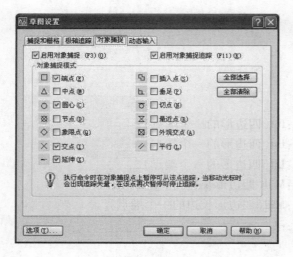

（a)"对象捕捉"设置

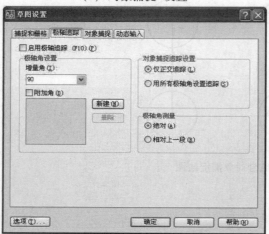

（c)"极轴追踪"设置

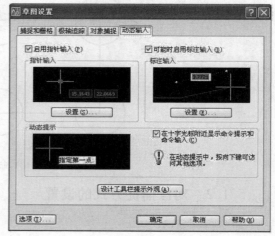

（b)"捕捉和栅格"设置

（d)"动态输入"设置

图 5.5　草图设置对话框

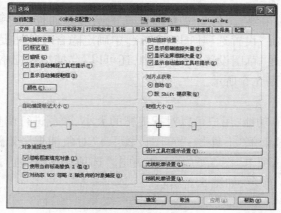

图 5.6　"选项"对话框

2) 对象捕捉切换功能

利用前面介绍的方法设置了隐含对象捕捉后,AutoCAD 2016 就可以自动捕捉设置的点。另外,用户还可以控制是否使用此功能。按状态栏上的"对象捕捉"按钮或按"F3"键,Auto-CAD 2016 就会在是否使用隐含对象捕捉功能之间切换。如果按"对象捕捉"按钮时没有设置隐含对象捕捉功能,AutoCAD 2016 会弹出"草图设置"对话框,供用户设置。

5.2 绘图辅助工具

5.2.1 设置栅格捕捉功能

命令行:SNAP

功能:利用栅格(网格)捕捉功能可以生成一个分布于屏幕上的隐含栅格,这种栅格能够捕捉光标,使得光标只能落到其中的一个栅格点上,这种栅格称为捕捉栅格。为了便于说明问题,在此假定这种栅格是可见的。

操作格式:

命令:SNAP↵

捕捉间距或开(ON)/关(OFF)/纵横向间距(A)/旋转(R)/样式(S)/类型(T) < 缺省值 >:

各选项的含义如下:

(1)捕捉间距

该选项用来确定捕捉栅格的间距,为缺省项。用户输入某一值后,AutoCAD 2016 将以该值作为捕捉栅格点在水平与垂直两个方向上的间距。

(2)开(ON)

打开栅格捕捉功能,且使用上一次设定的捕捉间距、旋转角度和捕捉方式。

(3)关(OFF)

关闭栅格捕捉功能,即绘图时光标的位置不再受捕捉栅格点的控制。

注意:单击状态栏上的"捕捉"按钮或按"F9"键,即可打开或关闭栅格捕捉功能。

(4)纵横向间距(A)

该选项用于分别确定捕捉栅格点在水平与垂直两个方向上的间距。执行该选项,Auto-CAD 2016 提示:

水平间距 < 缺省值 >:(输入水平方向的间距值)↵

垂直间距 < 缺省值 >:(输入垂直方向的间距值)↵

如果用户在第二个提示下直接回车,则表示两个方向的捕捉栅格间距相等。根据实际绘图的需要,用户可以将捕捉栅格点在水平与垂直两个方向上的间距设置成相等,也可以设置成不相等。

(5)旋转(R)

该选项将使捕捉栅格绕指定的点旋转一给定的角度。执行该选项,AutoCAD 2016 提示:

基点<缺省值>:(输入旋转基点)↵

旋转角度<缺省值>:(输入转角)↵

执行结果是捕捉栅格绕着旋转基点旋转指定的角度,同时光标的十字线也绕着旋转基点旋转该角度。

(6)样式(S)

该选项用来确定捕捉栅格的方式。执行该选项,AutoCAD 2016 提示:

标准(S)/等轴测(I)<S>:

①标准(S):标准方式。该方式下的捕捉栅格是普通的矩形栅格。

②等轴测(I):等轴测方式。等轴测方式给绘制等轴测图提供了非常方便的工作环境,此时捕捉栅格和光标十字线已不再互相垂直,而是成绘等轴测图时的特定角度。

5.2.2　栅格显示功能

命令行:GRID

功能:控制是否在屏幕上显示栅格。所显示栅格的间距可以与捕捉栅格的间距相等,也可以不相等。

操作格式:

命令:GRID↵

栅格间距(X)或开(ON)/关(OFF)/捕捉(S)/纵横向间距(A):

各选项含义如下:

(1)栅格间距

该选项用来确定显示栅格的间距,为缺省项。响应该项后,X 轴方向和 Y 轴方向的栅格间距相同。

(2)栅格间距(X)

该选项允许用户以当前捕捉栅格间距与指定倍数之积作为显示栅格的间距。方法是用所希望的倍数紧跟一个"X"来响应。

(3)开(ON)

执行此选项,AutoCAD 2016 将按当前的设置在屏幕上显示栅格。

(4)关(OFF)

执行此选项,AutoCAD 2016 停止栅格的显示。

注意:单击状态栏上的"栅格"按钮或按"F7"键即可打开或关闭栅格显示功能。

(5)捕捉(S)

该选项表示显示栅格的间距与捕捉栅格的间距保持一致。

(6)纵横向间距(A)

该选项用来分别设置 X 轴方向与 Y 轴方向的显示栅格间距。执行该选项,AutoCAD 2016 提示:

水平间距(X)<缺省值>:(输入水平间距值)↵

垂直间距(X)<缺省值>:(输入垂直间距值)↵

在上面的提示下,用户既可以直接输入某一数值作为相应的间距,又可以输入一个数值并紧跟一个"X",其作用同(2)。

【例5.5】设置栅格间距为"30",栅格显示间距为"30",打开栅格显示,利用栅格捕捉方式绘图,如图5.7所示。

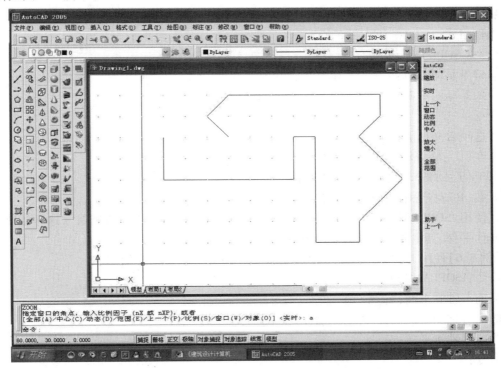

图5.7 用栅格显示捕捉方式绘图

命令:SNAP ↵

指定捕捉间距或[开(ON)/关(OFF)/纵横向间距(A)/旋转(R)/样式(S)/类型(T)]
<50.0000>:30 ↵

命令:

命令:GRID ↵

指定栅格间距(X)或[开(ON)/关(OFF)/捕捉(S)/纵横向间距(A)]<50.0000>:30 ↵

命令:<栅格 开>(按F7键)

命令:

命令:LINE ↵

指定第一点:(鼠标点取)

指定下一点或[放弃(U)]:(鼠标点取)

指定下一点或[闭合(C)/放弃(U)]:(鼠标点取)

⋮

指定下一点或[闭合(C)/放弃(U)]:↵

命令:

5.2.3 使用等轴测平面

命令行：ISOPLANE

功能：设置等轴绘图平面的状态，用于等轴测平面绘图。

操作格式：

命令：ISOPLANE↵

当前等轴测平面：右

输入等轴测平面设置［左(L)／上(T)／右(R)］＜左＞：

命令：

各选项含义如下：

①左(L)：将等轴测面设置成左平面。

②上(T)：将等轴测面设置成上平面。

③右(R)：将等轴测面设置成右平面。

在使用 ISOPLANE 命令之前，须打开"草图设置"对话框中的"等轴追踪"，这样才能显示等轴操作平面，其主要用于画等轴轴测图。

【例5.6】使用 ISOPLANE 命令设置等轴平面，并结合其他命令绘图。

命令：ISOPLANE↵

当前等轴测平面：右

输入等轴测平面设置［左(L)／上(T)／右(R)］＜左＞：↵

当前等轴测平面：左

命令：

命令：_line 指定第一点：(鼠标点取)

指定下一点或［放弃(U)］：＜正交　开＞(按 F8 键)

指定下一点或［放弃(U)］：

指定下一点或［闭合(C)／放弃(U)］：

指定下一点或［闭合(C)／放弃(U)］：

指定下一点或［闭合(C)／放弃(U)］：＜等轴测平面　上＞(按 F5 键，切换等轴测方式)

指定下一点或［闭合(C)／放弃(U)］：

指定下一点或［闭合(C)／放弃(U)］：

指定下一点或［闭合(C)／放弃(U)］：↵

命令：＜等轴测平面　右＞(按 F5 键，切换等轴测方式)

命令：_line 指定第一点：

指定下一点或［放弃(U)］：

指定下一点或［放弃(U)］：

指定下一点或［闭合(C)／放弃(U)］：↵

命令：

在本例中，切换等轴测方式不必每次都用 ISOPLANE 命令；按"F5"键可以进行等轴测平面的切换，如图5.8所示。

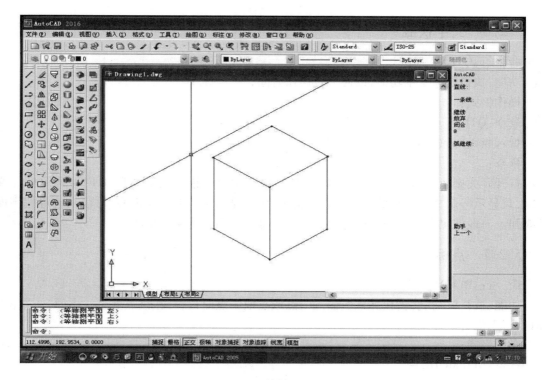

图5.8 利用等轴测平面绘图

5.2.4 使用正交方式

命令行:ORTHO

功能:确定绘图时正交与否。

操作格式:输入"ORTHO"命令,打开开关,正交,否则非正交。所谓正交,是指绘图时光标只能沿水平或垂直方向画图。按"F8"键或单击状态栏上的"正交"按钮也可以在正交与非正交之间切换。

在画水平线和垂直线的时候,打开正交是非常有用的。

5.2.5 填充设置

命令行:FILL

功能:决定用 PLINE,SOLID,TRACE,DONUT 等命令绘制对象时,是对所绘图全部填充,还是只绘轮廓,以便节省操作时间。

操作格式:

命令:FILL↵

开(ON)/关(OFF) <当前值>:

FILL 命令的初始化状态为"开",即填充所绘对象。当选取"关"方式后绘图时,AutoCAD 2016 只显示有关对象的轮廓线,不填充。当改变 FILL 命令的状态时,不会影响已存在的对象,直到执行重新生成操作命令后(如 REGEN 命令),才能改变显示。

5.2.6 文字快显

命令行:QTEXT

功能:执行快速文字功能,以便节省操作时间。

操作格式:

命令:QTEXT ↵

输入模式[开(ON)/关(OFF)]<关>:

命令:

打开开关则执行,否则不执行。执行文字快速功能是指在用 TEXT,DTEXT 命令标注文本时,只显示一个文本大小的矩形来表示文字,而不显示文本的具体内容,可以节省寻找字库的时间。一般情况下,为了看清楚文字的内容,都不使用快速文字功能。

5.2.7 点标记

命令行:BLIPMODE

功能:执行该功能,当在屏幕上输入一点或点取一点时,就会在该点处以一小的"+"作出标记,否则没有该标记。

操作格式:

命令:BLIPMODE ↵

输入模式[开(ON)/关(OFF)]<关>:

命令:

打开开关则显示点标记,否则不显示点标记。

在绘图的过程中,有时需要记住一些绘图点或操作点的坐标位置,同时需要做一个标记,但是这种标记又不是图形。BLIPMODE 命令为绘图提供了这种功能,如图 5.9 所示。

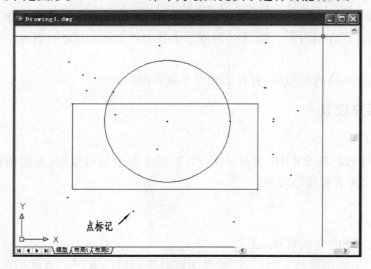

图 5.9 点标记的使用

5.2.8 对象亮显

命令行:HIGHLIGHT

功能:控制对象的亮显。它不影响使用夹点选定的对象。

操作格式:

命令:HIGHLIGHT ↵

输入 HIGHLIGHT 的新值<1>:

命令:

输入"0"关闭选定对象亮显,输入"1"打开选定对象亮显。

5.2.9 确定绘图边界

命令行:LIMITS

下拉菜单:格式→图形边界(I)。

功能:确定绘图范围。

操作格式:

命令:LIMITS ↵

开(ON)/关(OFF)/<左下角><缺省值>:

各选项含义如下:

(1)开(ON)

该选项使确定的绘图边界有效。执行该选项后,如果所绘对象超出了设定的边界范围,AutoCAD 2016 提示:

超出图形界限

并要求重新进行相应的绘图操作。

(2)关(OFF)

该选项使确定的绘图边界无效,即执行该选项后,所绘对象不再受绘图边界的限制。

(3)<左下角>

该选项用来设定绘图边界左下角的坐标,为缺省项。输入左下角坐标后,AutoCAD 2016 提示:

右上角<缺省值>:

在此提示下输入所设绘图边界的右上角的坐标。

确定图形边界后,如果绘图超出了设定的边界范围,AutoCAD 2016 将提示"超出图形界限"。对于初学者来说,在绘图和图形编辑中,图块插入都是非常不便的,建议不要设置绘图边界。

5.3 图形的显示控制

在绘图和图形编辑中,为了操作方便、灵活,需要随时把图形显示窗口内的图形放大或缩

小。这种放大或缩小不是原图形对象的放大或缩小,只是图形显示的放大或缩小,与原图形对象没有任何关系。本节介绍图形的显示控制。

5.3.1 显示缩放命令

命令行:ZOOM

下拉菜单:视图→缩放(Z)。

功能:放大或缩小屏幕上的对象的视觉尺寸,但对象的实际尺寸保持不变。

操作格式:

命令:ZOOM↵

指定窗口的角点,输入比例因子(nX 或 nXP),或者[全部(A)/中心(C)/动态(D)/范围(E)/上一个(P)/比例(S)/窗口(W)/对象(O)]<实时>:

按"Esc"或"Enter"键退出,或单击鼠标右键显示快捷菜单。

各选项含义如下:

(1)全部(A)

该选项将图上的全部图形显示在屏幕上。如果各对象均没有超出所设置的绘图边界(用 LIMITS 命令设置的范围),则按图纸边界显示;如果有的对象画到图纸边界之外,显示的范围则扩大,以便将超出边界的部分也显示在屏幕上。执行该选项,AutoCAD 2016 要对全部图形重新生成。

(2)中心(C)

该选项允许用户重设图形的显示中心和放大倍数。执行该选项,AutoCAD 2016 提示:

中心点:(给定新的显示中心)

缩放比例和高度<缺省值>:(给定缩放比例或高度)↵

(3)范围(E)

执行该选项,AutoCAD 2016 将尽可能大地显示整个图形,此时与图形的边界无关。

(4)上一个(P)

该选项用来恢复上一次显示的图形。

(5)窗口(W)

该选项允许用户以输入一个矩形窗口的两个对角点的方式来确定要观察的区域。此时窗口的中心变成新的显示中心,窗口内的区域被放大或缩小以尽量占满显示屏。执行该选项,AutoCAD 2016 提示:

第一角点:(输入矩形窗口一个角点的位置)

另一角点:(输入矩形窗口另一对角点的位置)

(6)动态(D)

该选项允许用户采用动态窗口缩放图形。假如执行该选项前屏幕中有图,则绘图区底色为白色,那么执行该选项后屏幕上会出现动态缩放时的特殊屏幕模式。在图中,有 a,b,c 3 个方框,各框的作用如下:

a 框是虚线(一般为蓝色),它表示整个绘图区域。

b 框也是虚线(一般为绿色),它表示当前屏幕区,即上一次在屏幕上显示的图形区域相对于整个绘图区域的位置。

c 框是选取视图框,用于在作图区域上选取下一次在屏幕上显示的图形域。

c 框的中心处有一个小叉,该框的作用很像照相机上的"取景器",可以通过鼠标等设备移动它,以便确定欲缩放的图形部分。具体选取步骤如下:首先通过鼠标移动该框,使框的左边线与欲显示区域的左边线重合;然后按一下拾取键,此时框内的小叉消失,同时出现一个指向该框右边线的箭头,这时可以通过拖动鼠标的方式改变视图框的大小以确定新的显示区域。不管视图框怎么变化,AutoCAD 2016 将自动保持水平边和垂直边的比例不变,以保持其形状与屏幕的图形区呈相似形。当选好框的大小后,即选好要显示的区域后,按"Enter"键,AutoCAD 2016 将按该框确定的区域在屏幕上显示图形。用户也可以不按"Enter"键而按鼠标的拾取键,此时框中心的小叉又重新出现,用户又可以用拖动鼠标的方式按当前框的大小来确定欲显示的区域,确定好显示区域后按"Enter"键。

由此可以看出,利用 ZOOM 命令的"动态"选项可以方便地实现前面介绍的"全部""中心""范围""前一个""窗口"选项的功能。

(7)比例(S)

该选项允许用户以输入一数值作为缩放系数的方式缩放图形,有绝对缩放、相对当前可见视图缩放和相对图纸空间单元缩放 3 种形式。

①相对当前可见视图缩放:如果在输入缩放系数的同时再输入一个"X",则该缩放系数是相对于当前可见视图的缩放系数,执行结果是使图形按该缩放系数相对当前可见视图进行缩放。

仍用上面的例子,如果再次执行 ZOOM 命令,即

命令:ZOOM ↵

全部(A)/中心(C)/动态(D)/范围(E)/前一个(P)/比例(S)/(X/XP)/窗口(W)/ < 实时 > :S ↵

输入比例因子:2X ↵

执行结果是使所示的图形再放大 1 倍。

②相对图纸空间单元缩放:在图纸空间执行 ZOOM 命令后,通过输入一个缩放系数并紧接一个"XP",就可以使现在视区中的图形相对于当前的图纸空间缩放。

(8) < 实时 >

该选项用于实时缩放。在"全部(A)/中心(C)/动态/(D)/范围(E)/前一个(P)/比例(S)/(X/XP)/窗口(W)/ < 实时 > :"提示下直接回车,即执行缺省项,AutoCAD 2016 会在屏幕上出现一个类似于放大镜的小标记,并在状态标上提示:按住拾取键并垂直拖动进行缩放。向加号方向拖动屏幕图形将放大,向减号方向拖动屏幕图形将缩小。若按"Esc"键或"Enter"键,AutoCAD 2016 结束 ZOOM 命令;如果单击鼠标右键,则会弹出如图 5.10 所示快捷菜单,用户可利用其进行操作。

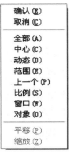

图 5.10　快捷菜单

5.3.2 显示移动命令

命令行:PAN

下拉菜单:视图→平移(P)。

功能:将屏幕上的对象平行移动,但对象的实际尺寸保持不变。

操作格式:

命令:PAN

显示:

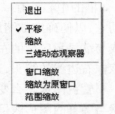

图5.11 快捷菜单

此时出现一个手掌形平移标记,可以上、下、左、右移动图形。

如果按"Esc"或"Enter"键,则退出此操作;如果单击鼠标右键,则显示如图5.11所示快捷菜单。

5.3.3 视图命令

命令行:VIEW

下拉菜单:视图→命名视图(N)。

功能:将当前图形定义成视图,当前图形可以是二维图形或三维图形。

操作格式:

命令:VIEW ↵

将弹出如图5.12所示对话框,由对话框进行操作。在此对话框中:

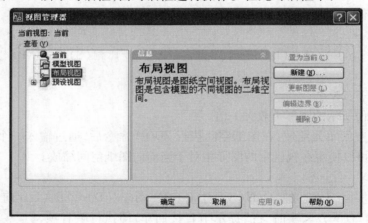

图5.12 "视图管理器"对话框

①新建(N):新建一个视图,将弹出"新建视图"对话框(图5.13),由对话框进行操作。

②置为当前(C):把视图设置为当前视图。

③更新图层(L):更新当前的图层。

④编辑边界(B):编辑修改图形的边界。

⑤删除(D):删除当前的视图。

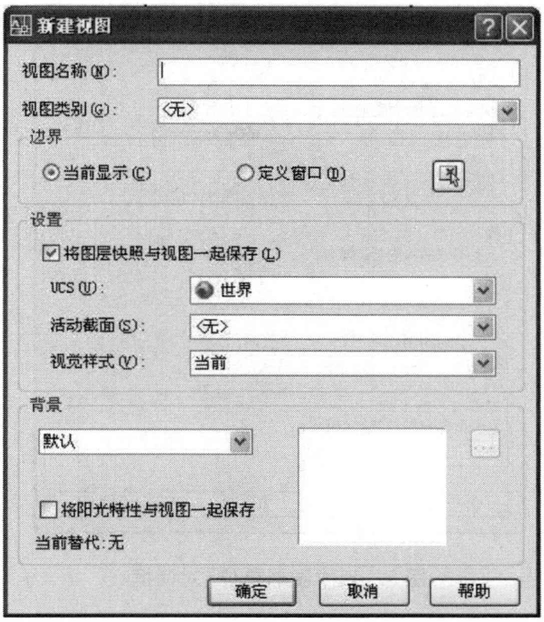

图 5.13   "新建视图"对话框

5.3.4   重画命令

命令行:REDRAW

下拉菜单:视图→重画(R)。

功能:AutoCAD 2016 重画当前视口,删除点标记和编辑命令留下的杂乱显示内容(杂散像素)。

操作格式:

命令:REDRAW ↵

在绘图或进行图形编辑时,由于操作的次数较多,屏幕上可能留下许多点标记(如果点标记已打开),使绘图不便。本命令可以清除这些点标记,使屏幕显示清晰。

5.3.5   设置单位命令

命令行:DDUNITS

下拉菜单:格式→单位(U)。

如果用户单击相应的菜单项或执行"DDUNITS"命令,AutoCAD 2016 将弹出"图形单位"对话框(图5.14)。在该对话框中,"长度"设置区用于设置长度单位,用户可根据需要进行设置。单击"精度(P)"组合框右侧的箭头,则会弹出一下拉列表,用户可以从中选择长度单位的精度。

在"角度"设置区,给出了 AutoCAD 2016 允许的角度单位,供用户选择。其中,"精度(N)"组合框用来选择角度的精度。

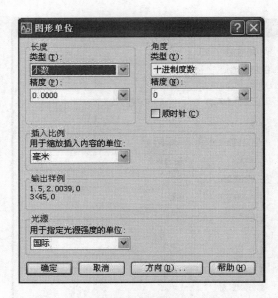

图5.14 "图形单位"对话框

5.3.6 用户坐标系定义命令

命令行:UCS

下拉菜单:工具→UCS。

工具栏:UCS。

功能:在二维空间或三维空间工作时,可以定义一个用户坐标系,用户坐标系的原点和方向与世界坐标系的原点和方向不同。在 AutoCAD 2016 中,可以创建并保存任意多个用户坐标系,然后根据需要调用这些坐标系,以简化创建二维和三维对象的过程。

操作格式:

命令:UCS↵

输入选项[新建(N)/移动(M)/正交(G)/上一个(P)/恢复(R)/保存(S)/删除(D)/应用(A)/? /世界(W)]<世界>:

坐标系定义相关参数如下:

①原点(Origin):定义一个新的坐标原点。

②对象(Object):通过指定一个对象来定义一个新的坐标系。

③上次(Prev):恢复前一个 UCS。

④世界(World):设置坐标系为世界 UCS。

5.3.7 设置 UCS 坐标平面视图命令

命令行:PLAN

下拉菜单:视图→三维视点→平面视图。

功能:利用该命令,用户可以选择多种坐标系下的平面视图。

操作格式:

命令:PLAN↵

输入选项[当前 UCS(C)/UCS(U)/世界(W)]<当前值>:(输入选项或按"Enter"键)

各项含义如下:

①当前 UCS:在当前视图中重新生成相对于当前 UCS 的平面视图,为缺省项。

②世界(W):重新生成相对于 WCS 的平面视图。

说明

PLAN 命令的执行只改变视图显示的方向,它不改变当前的 UCS。

5.4　实用命令

AutoCAD 2016 提供了查询功能,利用该功能用户可以方便地计算图形对象的面积、两点之间的距离、点的坐标值、时间等数据。AutoCAD 2016 将查询命令放在"工具"下拉菜单的"查询"子菜单中。另外,利用 AutoCAD 2016 的"查询"工具栏也可以实现数据查询。本节将介绍 AutoCAD 2016 的查询命令,以及控制其基本功能和提供必要服务的实用命令。

5.4.1　求距命令

命令行:DIST

下拉菜单:工具→查询→距离。

工具栏:查询→距离。

功能:求指定的两点之间的距离以及有关的角度,其以当前的绘图单位显示。

操作格式:

命令:DIST↵

　指定的第一点:(输入一点,如输入 3,3)↵

　指定的第二点:(输入一点,如输入 5,8)↵

　距离 =5.3852,XY 平面内倾角 =68,距 XY 平面的角度 =0

　X 增量 =2.0000,Y 增量 =5.0000,Z 增量 =0.0000

　上面结果说明:点(3,3)与点(5,8)之间的距离是 5.3852,这两点的连线与 X 轴正方向的夹角为 68°,与 XY 平面的夹角为 0°,这两点的 X,Y,Z 方向的坐标差分别为 2.0000,5.0000,0.0000。

　需要注意的是,用 DIST 命令求出的距离值的精度受系统单位的精度控制。

5.4.2　求面积命令

命令行:AREA

下拉菜单:工具→查询→面积。

工具栏:查询→面积。

功能:求由若干个点所确定区域或由指定对象所围成区域的面积与周长,还可以进行面积的加减运算。

操作格式：

命令：AREA ↵

<第一点>/对象(O)/加(A)/减(S)：

各选项含义如下：

(1)第一点

求由若干个点的连线所围成封闭多边形的面积和周长,该选项为缺省项。当用户给出第一点后,AutoCAD 2016 继续提示：

下一点：(输入点)

下一点：(输入点)

下一点：(输入点)

⋮

下一点：(输入结束点)↵

AutoCAD 2016 显示：

面积 =(计算出的面积),周长 =(周长)

它们分别是由输入的点的连线所形成的多边形的面积与周长。

(2)对象(O)

该选项用于求指定对象所围成区域的面积。执行该选项,AutoCAD 2016 提示：

选择对象：(选取对象)

AutoCAD 2016 一般显示：

面积 =(计算出的面积),长度(或圆周长) =(周边长度)

注意：当提示"选择对象："时,用户只能选取由圆(CIRCLE)、椭圆(ELLIPSE)、二维多段线(PLINE)、矩形(RECTANG)、等边多边形(POLYGON)、样条曲线(SPLINE)、面域(RE-GION)等命令绘出的对象,即只能求上述对象所围成的面积,否则 AutoCAD 2016 提示"所选对象没有面积"。

注意：对于宽多段线,面积按宽多段线的中心线计算;对于非封闭的多段线或样条曲线,执行该命令后,AutoCAD 2016 先假设用一条直线将其首尾相连,然后再求所围成封闭区域的面积,但所计算出的长度是该多段线或样条曲线的实际长度。

(3)加(A)

进入加法模式,即把新选取对象的面积加入总面积中去。执行该选项,AutoCAD 2016 提示：

<指定第一点>/对象(O)/减(S)：

此时,用户可以通过输入点或选取对象的方式求某区域的面积,也可以转为减法模式。求出相应的面积和周长后,AutoCAD 2016 提示：

面积 =(计算出的面积),长度(或圆周长) =(周边长度)

总面积 =(相加后的总面积)

AutoCAD 2016 提示：

("加"的模式)选择对象：(继续选择对象)

此时用户可以继续进行加面积的操作,如果直接按"Enter"键,AutoCAD 2016 提示：

<指定第一点>/对象(O)/减(S)：↵

命令终止,AutoCAD 2016 将求出所选区域的总面积。

(4)减(S)

进入减法模式,即把新选取对象的面积从总面积中扣除。执行该选项,AutoCAD 2016提示:

<指定第一点>/对象(O)/加(A)：

此时,用户可以通过输入点或选取对象的方式求某区域的面积,AutoCAD 2016 则把由后续操作确定的新区域面积从总面积中扣除。

【例5.7】求图5.15所示图形的面积。

命令:AREA ↵

指定第一个角点或[对象(O)/加(A)/减(S)]：(鼠标点取第一个角点)

指定下一个角点或按 Enter 键全选:

指定下一个角点或按 Enter 键全选:

指定下一个角点或按 Enter 键全选:

指定下一个角点或按 Enter 键全选:

指定下一个角点或按 Enter 键全选:

指定下一个角点或按 Enter 键全选:

指定下一个角点或按 Enter 键全选:↵

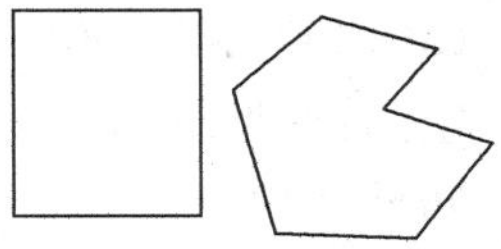

图5.15　矩形与多边形

命令:

面积 = 17071.5866,周长 = 571.8507

命令:AREA ↵

指定第一个角点或[对象(O)/加(A)/减(S)]：O ↵

选择对象:(鼠标点取矩形)

面积 = 17782.0853,周长 = 534.7951

命令:

上述显示内容,可以按"F2"键打开文本对话框,从文本对话框中获取显示操作的全部信息。

5.4.3　对象列表命令

命令行:LIST

下拉菜单:工具→查询→列表显示。

工具栏:查询→列表显示。

功能:以列表的形式显示描述所指定对象特征的有关数据。

操作格式:

命令:LIST ↵

选择对象:(选取对象)

选择对象:(选取对象)

　　　⋮

选择对象:↵

命令:

执行结果:切换到文本窗口,显示所选对象的有关数据信息。

说明

执行 LIST 命令后所显示的信息取决于对象的类型,它包括对象的名称、对象在图中的位置、对象所在图层和对象的颜色等。除了对象的基本参数外,由它们导出的扩充数据也被列出。

【例5.8】列出图上的圆和矩形的信息。

命令:LIST ↵

选择对象:找到 1 个(鼠标点取)

选择对象:找到 1 个,总计 2 个(鼠标点取)

选择对象:↵

命令:

CIRCLE   图层:0

空间:模型空间

句柄 = 2F

圆心点,X = 131.1959   Y = 169.1161   Z = 0.0000

半径   64.8580

周长   407.5151

面积   13215.3148

LWPOLYLINE   图层:0

空间:模型空间

句柄 = 30

闭合

固定宽度   0.0000

面积   14967.4494

周长   500.1477

于端点   X = 235.6368   Y = 214.2137   Z = 0.0000

于端点   X = 386.4959   Y = 214.2137   Z = 0.0000

于端点   X = 386.4959   Y = 114.9989   Z = 0.0000

于端点   X = 235.6368   Y = 114.9989   Z = 0.0000

命令:

5.4.4　清理命令

命令行:PURGE

功能:删除用户建立或调用的已没有用的块、标注样式、图层、线型、形文件、字形、应用文件、多线型等。

操作格式:

命令:PURGE ↵

弹出如图 5.16 所示"清理"对话框,有"查看能清理的项目(V)"和"查看不能清理的项目(W)"两个选项。

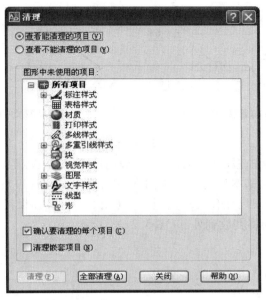

图 5.16 "清理"对话框

①查看能清理的项目:切换树状图显示当前图形中可以清理的命名对象的概要。

列表显示未用于当前图形的和可被清理的命名对象。可以通过单击加号或双击对象类型列出任意对象类型的项目,通过选择来清理项目。

②查看不能清理的项目:切换树状图显示当前图形中不能清理的命名对象的概要。

列表显示不能从图形中删除的命名对象。这些对象大部分在图形中当前使用,或为不能删除的默认项目。当选择单独命名对象时,在树状图下方将显示不能清理该项目的原因。

③清理嵌套项目:仅在选择时删除项目。从图形中删除所有未使用的命名对象,即使这些对象包含在或被参照于其他未使用的命名对象中。清理项目时显示确认"清理"对话框,可以取消或确认要清理的项目。

④确认要清理的每个项目:清理项目时显示确认"清理"对话框。

5.5 尺寸的标注样式

尺寸是一组复合的组合体,在 AutoCAD 2016 中规定了若干尺寸的样式。尺寸标注则按选定的尺寸样式来进行标注。

5.5.1 尺寸的组成

一个完整的尺寸由尺寸线、尺寸界线、尺寸起止符、尺寸文字 4 个部分组成,如图 5.17 所

示。通常,AutoCAD 2016 将构成一个尺寸的尺寸线、尺寸界线、尺寸起止符和尺寸文字以块的形式存放在图形文件内,可以认为一个尺寸是一个对象。

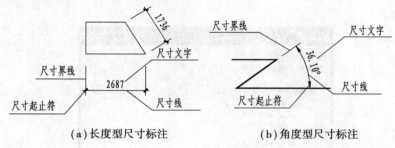

(a)长度型尺寸标注   (b)角度型尺寸标注

图 5.17   尺寸的组成

注意:尺寸起止符标注在尺寸线的两端,一般用短画线、箭头或其他标记表示(图 5.18)。

尺寸文字中可能只含基本尺寸;也可能带有尺寸公差(图 5.19);还可能是以极限尺寸作为尺寸文字,包括最大极限尺寸和最小极限尺寸(图 5.20)。如果尺寸线内标注不下尺寸文字,AutoCAD 2016 会自动将其放到外部(图 5.21)。

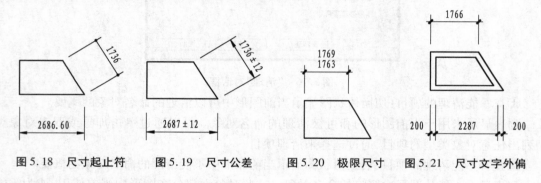

图 5.18   尺寸起止符   图 5.19   尺寸公差   图 5.20   极限尺寸   图 5.21   尺寸文字外偏

5.5.2   尺寸样式的设置

1)新建标注样式

命令行:DDIM

下拉菜单:标注→标注样式(S)。

工具栏:标注→标注样式。

在"标注"下拉菜单单击"标注样式(S)",打开"标注样式管理器"对话框,如图 5.22 所示。在"标注样式管理器"对话框中,单击"新建(N)"按钮,打开"创建新标注样式"对话框,在"新样式名(N)"文本框内输入新样式的名称,"基础样式(S)"文本框通过下拉列表选择,"用于(U)"文本框保留系统缺省设置,然后单击

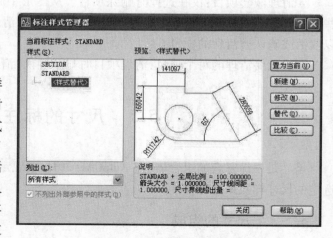

图 5.22   "标注样式管理器"对话框

"继续"按钮,打开"新建标注样式:副本 STANDARD"对话框,如图5.23所示。

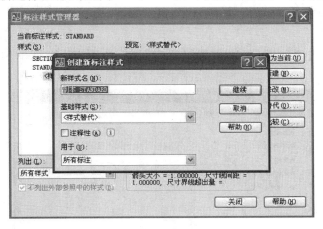

图5.23 "创建新标注样式"对话框

2)设置标注样式

在尺寸标注样式中,还有许多特性可以设置或改变,用户完全可以控制尺寸标注的外观。在"标注样式管理器"对话框中,在"样式(S)"窗口中列出了当前的标注样式,选中某个样式名,单击"修改(M)"按钮,也可打开"新建标注样式:副本 STANDARD"对话框,通过此对话框,可以对所选的各项特性进行重新设置。下面简单介绍一些常用的标注特性的设置。

(1)主单位

在"主单位"选项卡(图5.24)中,在"线性标注"选项组中,可以对线性标注的主单位进行设置,其中"单位格式(U)"用于确定单位格式;"精度(P)"用于确定尺寸的精度;"分数格式(M)"用于设置分数的形式;"小数分隔符(C)"用于设置小数的分隔符;"前缀(X)"用于为尺寸文字设置固定前缀;"后缀(S)"用于为尺寸标注设置固定后缀。

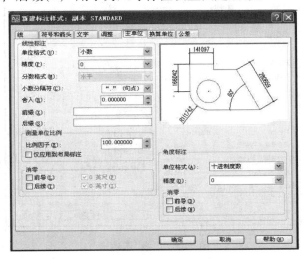

图5.24 "主单位"选项卡

在"测量单位比例"选项组中,可以对主单位的线性比例进行设置;在"消零"选项组中,

可以确定是否省略尺寸标注中的"0";在"角度标注"选项组中,可以设置角度标注的单位格式和精度。

（2）换算单位

在"换算单位"选项卡中,可以设置换算单位格式、精度、换算单位倍数等,如图 5.25 所示。

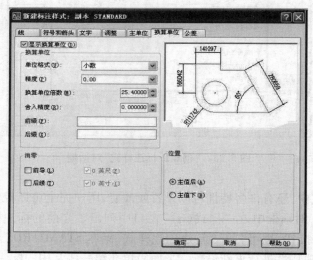

图 5.25　"换算单位"选项卡

（3）线

在"线"选项卡中,可以设置尺寸线、尺寸界线的形式,如图 5.26 所示。

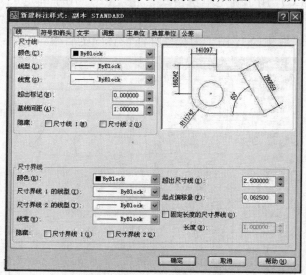

图 5.26　"线"选项卡

在"尺寸线"选项组中,可以设置关于尺寸线的各种属性,包括尺寸线的颜色、线型、线宽等。"超出标记"表示可将尺寸箭头设置为短斜线、短波浪线等;当尺寸线上无箭头时,可用于设置尺寸线超出尺寸界线的距离。"基线间距"即基线标注中相邻两尺寸之间的距离。

在"尺寸界线"选项组中,可以确定尺寸界线的形式,包括尺寸界线的颜色、线型、线宽、超出尺寸线、起点偏移量(即确定尺寸界线的实际起始点相对于指定尺寸界线起始点的偏移量)等。另外,"隐藏"特性2个复选框用于确定是否省略尺寸界线。

(4)符号和箭头

在"符号和箭头"选项卡中,可以设置箭头、圆心标记、折断标注、弧长符号等的形式,如图5.27所示。

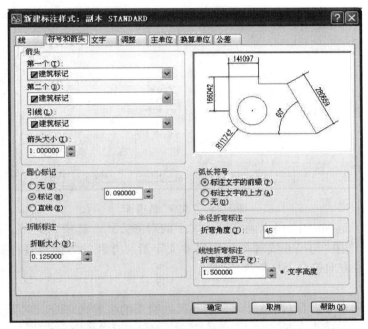

图5.27　"符号和箭头"选项卡

在"箭头"选项组中,可以设置箭头的形式,包括第一个和第二个箭头的形式、引线的形式、箭头大小。

在"圆心标记"选项组中,可以设置圆心标记的形式,包括无、标记和直线,在右侧的微调框中可以设置圆心标记的尺寸。

(5)文字

在"文字"选项卡中,可以设置尺寸文字的外观、位置和对齐等特性,如图5.28所示。

在"文字外观"选项组中,可以设置尺寸文字的外观。其中,在"文字样式"下拉列表框中,可以选择尺寸文字的样式;在"文字颜色"下拉列表框中,可以设置尺寸文字的颜色;在"文字高度"调整框中,可以设置尺寸文字的字高;在"分数高度比例"调整框中,可以确定分数高度的比例;选中或清除"绘制文字边框"复选框,可以确定是否在尺寸文字周围加上边框。

在"文字位置"选项组中,可以设置尺寸文字的位置。其中,在"垂直"下拉列表框中,可以确定尺寸文字的垂直位置,默认为"上",在"平行"下拉列表框,可以确定尺寸文字的平行位置,默认为"居中"。在"从尺寸线偏移"微调框中,可以确定尺寸文字从尺寸线偏移的距离。

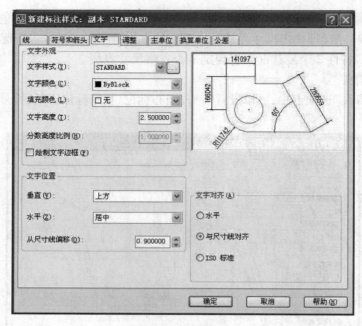

图5.28　"文字"选项卡

在"文字对齐"选项组中,可以确定尺寸文字的对齐方式。选中"水平",则尺寸文字始终沿水平方向放置;选中"与尺寸线对齐",则尺寸文字沿尺寸线的方向放置;选中"ISO 标准",则尺寸文字的放置方向符合 ISO 标准。

(6)调整

在"调整"选项卡中,可以调整尺寸文字和尺寸箭头的位置,如图 5.29 所示。

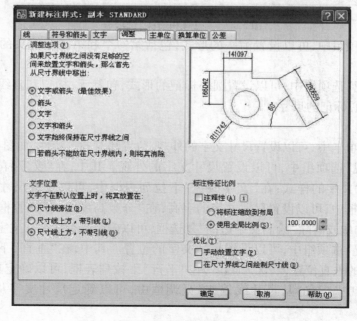

图5.29　"调整"选项卡

在"调整选项"选项组中,如果尺寸界线之间没有足够的空间放置文字和箭头,那么首先从尺寸界线中移出,包括"文字或箭头(最佳效果)""箭头""文字""文字和箭头""文字始终保持在尺寸界线之间"。

在"文字位置"选项组中,可以设置文字不在缺省位置时,将其放置在"尺寸线旁边""尺寸线上方,带引线"或"尺寸线上方,不带引线"。

在"标注特征比例"选项组中,可以设置"将标注缩放到布局"或"使用全局比例"。

在"优化"选项组中,可以设置"手动放置文字"和"在尺寸界线之间绘制尺寸线"。

(7)公差

在"公差"选项卡中,可以设置公差格式、公差对齐等,如图5.30所示。在"公差格式"选项组中,可以设置公差的方式、公差的精度、公差文字的位置等特性。

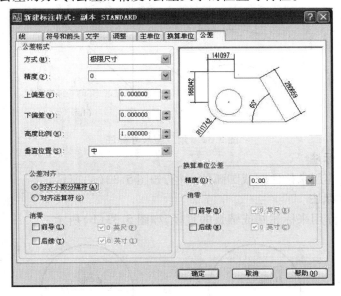

图5.30　"公差"选项卡

5.6　尺寸标注命令

5.6.1　尺寸标注的类型

AutoCAD 2016将所标注的尺寸分为长度型尺寸标注、角度型尺寸标注、半径型尺寸标注、直径型尺寸标注、引线标注、坐标型尺寸标注等。下面分别进行介绍。

1)长度型尺寸标注

长度型尺寸标注是指标注长度方面的尺寸,又分为水平标注、垂直标注、基线标注、连续标注、对齐标注、旋转标注等类型。

①水平标注:所标注对象的尺寸线沿水平方向放置,如图5.31所示。注意,水平标注不仅是只标注水平线的尺寸。

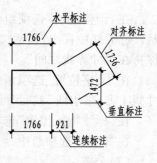

②垂直标注:所标注对象的尺寸线沿垂直方向放置,如图5.31所示。注意,垂直标注不仅是只标注垂直的尺寸。

③基线标注:各尺寸线从同一尺寸界线处引出。

④连续标注:相邻两尺寸线共用同一尺寸界线,如图5.31所示。

⑤对齐标注:其尺寸线与两尺寸界线起始点的连线相平行,如图5.31所示。

图5.31　长度型尺寸标注

2)角度型尺寸标注

角度型尺寸标注用来标注角度尺寸,如图5.32所示。

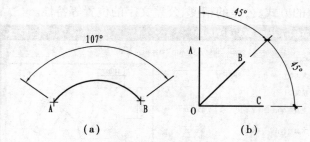

图5.32　角度型尺寸标注

3)半径型尺寸标注

半径型尺寸标注用来标注圆或圆弧的半径,如图5.33(a)所示。

4)直径型尺寸标注

直径型尺寸标注用来标注圆或圆弧的直径,如图5.33(b)所示。

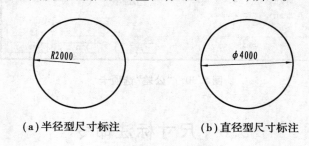

(a)半径型尺寸标注　　　　(b)直径型尺寸标注

图5.33　径向尺寸标注

5)引线标注

利用引线标注,用户可以标注一些注释、说明,如图5.34所示。

6)坐标型尺寸标注

坐标标注用来标注相对于坐标原点的坐标,如图5.34所示。

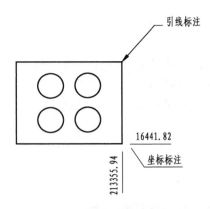

图 5.34　引线标注及坐标标注

5.6.2　长度标注命令

1)标注水平、垂直尺寸

命令行:DIMLINEAR

下拉菜单:标注→线性(L)。

工具栏:标注→线性尺寸。

(1)选择两个点标注

命令:_dimlinear ↵

指定第一条尺寸界线原点或<选择对象>:(选择 P1 点)

指定第二条尺寸界线原点:(选择 P2 点)

指定尺寸线位置或[多行文字(M)/文字(T)/角度(A)/水平(H)/垂直(V)/旋转(R)]:(选择尺寸线的位置)

标注的文字 =1766

执行结果如图 5.35 所示。

(2)选择一个边标注

命令:_dimlinear ↵

指定第一条尺寸界线原点或<选择对象>:↵

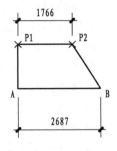

图 5.35　线性标注

选择标注对象:(选择 AB 边)

指定尺寸线位置或[多行文字(M)/文字(T)/角度(A)/水平(H)/垂直(V)/旋转(R)]:(选择尺寸线的位置)

标注文字 =2687

执行结果如图 5.35 所示。

2)标注对齐尺寸

命令行:DIMALIGNED

下拉菜单:标注→对齐(G)。

工具栏:标注→对齐标注。

（1）选择两个点标注

命令：_dimaligned↵

指定第一条尺寸界线原点或＜选择对象＞：（选择 A 点）

指定第二条尺寸界线原点：（选择 B 点）

指定尺寸线位置或［多行文字（M）/文字（T）/角度（A）］：（选择尺寸线的位置）

标注文字 = 1736

执行结果如图 5.36 所示。

（2）选择一个边标注

命令：_dimlinear↵

指定第一条尺寸界线原点或＜选择对象＞：↵

选择标注对象：（选择 AB 边）

指定尺寸线位置或［多行文字（M）/文字（T）/角度（A）/水平（H）/垂直（V）/旋转（R）］：（选择尺寸线的位置）

标注文字 = 1736

执行结果如图 5.36 所示。

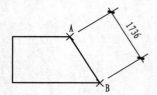

图 5.36　对齐标注

3）连续标注尺寸

命令行：DIMCONTINUE

下拉菜单：标注→连续（C）。

工具栏：标注→连续标注。

采用连续标注前，一般应有一个已标注过的尺寸。

首先用线性标注标注 AB 边，然后执行连续标注命令。

命令：_dimcontinue↵

选择连续标注：（选择继续标注的尺寸）

指定第二条尺寸界线原点或［放弃（U）/选择（S）］＜选择＞：（选择 C 点）

标注文字 = 921

指定第二条尺寸界线原点或［放弃（U）/选择（S）］＜选择＞：（选择 E 点）

标注文字 = 1049

⋮

指定第二条尺寸界线原点或［放弃（U）/选择（S）］＜选择＞：（选择 G 点）

标注文字 = 1766

指定第二条尺寸界线原点或［放弃（U）/选择（S）］＜选择＞：↵（标注结束）

执行结果如图 5.37 所示。

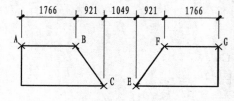

图 5.37　连续标注

5.6.3   角度标注命令

命令行:DIMANGULAR

下拉菜单:标注→角度(A)。

工具栏:标注→角度标注。

利用角度标注命令,可以标注出一段圆弧的中心角、圆上某一段弧的中心角、两条不平行直线间的夹角,或根据已知的三点来标注角度。

1)标注圆弧的中心角

命令:dimangular ↵

选择圆弧、圆、直线或 < 指定顶点 >:(选择圆弧 AB)

指定标注弧线位置或[多行文字(M)/文字(T)/角度(A)]:(选择尺寸线的位置)

标注文字 = 107

执行结果如图 5.32(a)所示。

2)标注两条不平行的直线间的夹角

命令:dimangular ↵

选择圆弧、圆、直线或 < 指定顶点 >:(选择直线 OA)

选择第二条直线:(选择直线 OB)

指定标注弧线位置或[多行文字(M)/文字(T)/角度(A)]:(选择尺寸线的位置)

标注文字 = 45

如果要标注∠BOC,则执行连续标注命令。

命令:_dimcontinue ↵

选择连续标注:(选择继续标注的尺寸)

指定第二条尺寸界线原点或[放弃(U)/选择(S)] < 选择 >:(选择 C 点)

标注文字 = 45

指定第二条尺寸界线原点或[放弃(U)/选择(S)] < 选择 >:↵(标注结束)

执行结果如图 5.32(b)所示。

5.6.4   半径标注命令

命令行:DIMRADIUS

下拉菜单:标注→半径(R)。

工具栏:标注→半径标注。

命令:_dimradius ↵

选择圆弧或圆:(选择圆)

标注文字 = 2000

指定尺寸线位置或[多行文字(M)/文字(T)/角度(A)]:(选择尺寸线的位置)

执行结果如图 5.33(a)所示。

5.6.5   直径标注命令

命令行:DIMDIAMETER

下拉菜单:标注→直径(D)。

工具栏:标注→直径标注。

命令:_dimdiameter ↵

选择圆弧或圆:(选择圆)

标注文字 =4000

指定尺寸线位置或[多行文字(M)/文字(T)/角度(A)]:↵

执行结果如图5.33(b)所示。

5.6.6　引线标注命令

命令行:LEADER

下拉菜单:标注→多重引线(E)。

工具栏:标注→引线标注。

命令:_leader ↵

指定引线起点:(鼠标点取引线起点)

指定下一点:

指定下一点或[注释(A)/格式(F)/放弃(U)]<注释>:(鼠标点取引线的末端点)

指定下一点或[注释(A)/格式(F)/放弃(U)]<注释>:↵

输入注释文字的第一行或<选项>:

输入注释文字的下一行:(输入文本)

⋮

输入注释文字的下一行:↵

命令:

例如:

命令:leader ↵

指定引线起点:(鼠标点取圆心)

指定下一点:

指定下一点或[注释(A)/格式(F)/放弃(U)]<注释>:

指定下一点或[注释(A)/格式(F)/放弃(U)]<注释>:↵

输入注释文字的第一行或<选项>:

输入注释选项[公差(T)/副本(C)/块(B)/无(N)/多行文字(M)]<多行文字>:M ↵

(弹出文本编辑对话框后,输入文本:R =25,单击"确定"按钮退出)

命令:

命令:leader ↵

指定引线起点:(鼠标点取矩形圆角的圆心)

指定下一点:

指定下一点或[注释(A)/格式(F)/放弃(U)]<注释>:

指定下一点或[注释(A)/格式(F)/放弃(U)]<注释>:↵

输入注释文字的第一行或<选项>:

输入注释选项[公差(T)/副本(C)/块(B)/无(N)/多行文字(M)] < 多行文字 >:M ↵
(弹出文本编辑对话框后,输入文本:板的规格为 1 500 mm × 2 500 mm,圆角半径 R = 15,单击
"确定"按钮退出)

命令:

运行结果如图 5.38 所示。

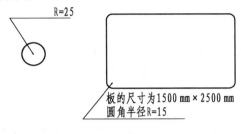

图 5.38 引线标注

5.7 尺寸编辑

如果对尺寸标注不满意,可以对尺寸进行编辑,以便达到满意的效果。

5.7.1 尺寸编辑命令

AutoCAD 2016 的部分修改命令可以对尺寸进行修改,下面简单介绍 5 种方法。

(1)用 STRETCH 命令编辑尺寸

在绘图过程中,经常会改变图形的几何尺寸,用户可以用 STRETCH 命令来完成这种操作。如图 5.39 所示,将四边形 ABCD 的 AB 边和 DC 边由"3000"加长到"4000",就可以用 STRETCH 命令。执行 STRETCH 命令,在"选择对象:"的提示下,按图 5.40(a)虚线窗口所示的范围选择对象,选择基点,打开正交开关向右拉伸"1000"。执行结果如图 5.40(b)所示,四边形 ABCD 的 AB 边和 DC 边由"3000"加长到"4000",尺寸也同时变为"4000"。

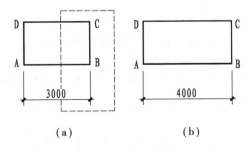

图 5.39 用 STRETCH 命令编辑尺寸

(2)用 TRIM 命令编辑尺寸

AutoCAD 2016 允许用户用 TRIM 命令修剪尺寸。如图 5.41 所示,若将 AC 尺寸"3000"改为标注 AB 尺寸"1500",就可以用 TRIM 命令进行修剪。执行 TRIM 命令,在"选择修剪

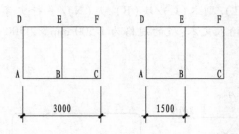

图 5.40　用 TRIM 和 EXTEND 命令编辑尺寸

边:"提示下,选择 BE 边;在"选择要修剪的对象:"提示下,选择 AC 尺寸线的右端,则尺寸被修剪为 AB 尺寸。

（3）用 EXTEND 命令编辑尺寸

AutoCAD 2016 允许用户用 EXTEND 命令延伸尺寸。如图 5.40 所示,若将 AB 间的尺寸改为标注 AC 尺寸"3000",就可以用 EXTEND 命令延伸。执行 EXTEND 命令,在"选择延伸边:"提示下,选择 CF 边;在"选择要延伸的对象"提示下,选择 AB 尺寸的右端,则尺寸被延伸为 AC 尺寸"3000"。

（4）用 DDEDIT 命令编辑尺寸

如果用户要对尺寸文字进行直接修改,可以执行 DDEDIT 命令,选取尺寸,系统会打开多行文字编辑器（图 5.41）,在编辑器中可以修改尺寸值,增加前缀或后缀。删除多行文字编辑器文本框中"＜＞"符号,输入需要修改的尺寸值或文字,按"确定"键,尺寸值就被修改。在"＜＞"符号前输入的文字即为前缀,在其后输入的文字即为后缀。

图 5.41　用 DDEDIT 命令编辑尺寸

用 DDEDIT 命令修改过的尺寸不能调整线性比例,也不会随着几何尺寸调整而变化。若想恢复真实尺寸,可以采用如下方法:执行 DDEDIT 命令,选取修改过的尺寸,删除多行文字编辑器文本框中的尺寸值或文字,按"确定"键,尺寸值就可以恢复为真实尺寸。

（5）用 DIMEDIT 命令修改尺寸

用 DIMEDIT 命令可以综合性地编辑尺寸。在命令状态下输入:

命令:DIMEDIT↵

输入标注编辑类型［默认（H）/新建（N）/旋转（R）/倾斜（O）］＜默认＞:

其中参数:

①默认（H）:默认尺寸当前的内容。

②新建(N):新建一个尺寸文本,打开文本输入对话框,输入文本。

③旋转(R):尺寸文本旋转一个角度。

④倾斜(O):把尺寸指引线倾斜角度。

例如:

命令:DIMEDIT↵

输入标注编辑类型[默认(H)/新建(N)/旋转(R)/倾斜(O)]<默认>:O↵

选择对象:找到1个(鼠标点取)

选择对象:↵

输入倾斜角度(按Enter键表示无):60↵

命令:

操作后的尺寸如图5.42所示。

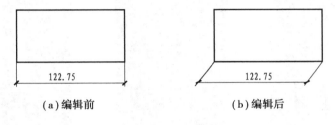

(a)编辑前　　　　　　　　　　　(b)编辑后

图5.42　编辑尺寸

5.7.2　利用特性修改对话框编辑尺寸

特性修改对话框可以对尺寸的特性进行修改或调整。单击尺寸对象,再单击鼠标右键选择"特性",屏幕上会弹出"尺寸特性修改"对话框(图5.43),显示"常规""其他""直线和箭头""文字""调整""主单位""公差"等选项。

在对话框内,选项又分为主选项和子选项。单击主选项右边的"+",就可以打开子选项,反之关闭。子选项的右端是可以调整的内容,其中显现的内容,用户可以调整或修改,隐现的内容不能调整或修改。需要说明的是修改后的内容必须与该项目相关,否则系统认为是无效修改。

各选项的意义以及调整方法已在"设置标注样式"中进行了详细介绍,这里仅作简单介绍。

①常规:此选项可以对尺寸的基本特性进行修改,包括颜色、图层、线型、线型比例、线宽等基本特性(图5.43)。

②其他:此选项可以对尺寸的标注样式进行调整(图5.43)。

③直线和箭头:此选项可以对尺寸线及尺寸界线的颜色、线宽、开关等进行调整,还可以调整尺寸起止符箭头的样式及大小(图5.43)。

④文字:此选项可以对尺寸文字的样式、高度、颜色、位置等进行调整,也可以对尺寸值进行修改(图5.44)。

⑤调整:此选项可以对尺寸的几何参数进行调整,包括尺寸标注全局比例、文字移动等

（图 5.44）。

⑥主单位：此选项可以对主单位尺寸标注的前缀及后缀进行修改，也可以对主单位尺寸的线性比例、标注单位进行调整（图 5.45）。

⑦公差：此选项可以对公差尺寸的相关尺寸进行调整（图 5.45）。

图 5.43　编辑尺寸 1

图 5.44　编辑尺寸 2

图 5.45　编辑尺寸 3

实训 5

5.1　应用对象捕捉方式绘制如图 5.46 所示图形。

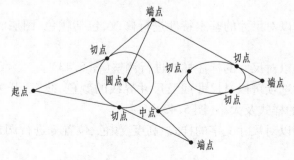

图 5.46　应用对象捕捉方式绘图

5.2　利用等轴平面命令绘制如图5.47所示图形。

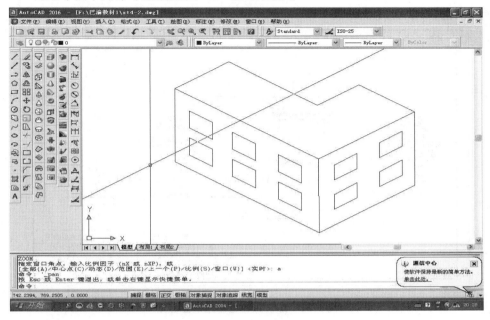

图5.47　运用等轴平面方式绘图

5.3　先绘制如图5.48所示图形,再求出每个图形的面积。

5.4　先绘制如图5.49所示图形,再用 LIST 列表命令求出每个图形的基本综合信息。

图5.48　多边形求面积　　　　　　　　图5.49　列表求图形信息

5.5　绘制如图5.50所示图形,然后标注尺寸。

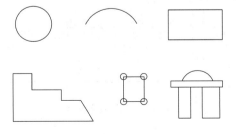

图5.50　基本图形

5.6 综合练习。应用绘图技巧和显示控制、对象捕捉等绘制如图5.51所示图形。练习时先调入图框,再绘制图形。

图5.51 综合练习绘制建筑立面图

5.7 绘制如图5.52所示图形,然后标注尺寸。

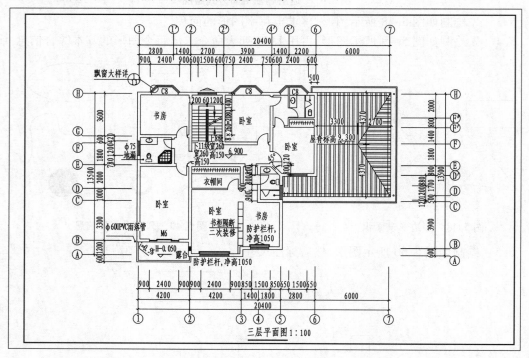

图5.52 三层平面图

5.8 绘制如图5.53所示图形,然后标注尺寸。

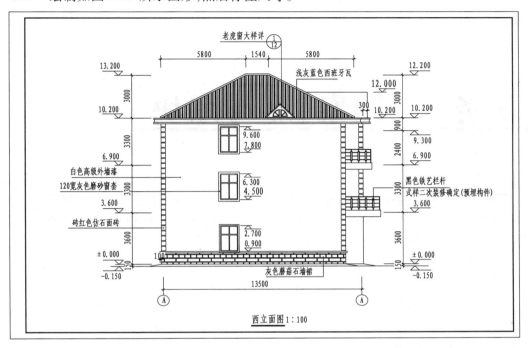

图 5.53 西立面图

任务6 图案、形与图块

图案、形与图块在绘图与图形编辑中有着非常重要的作用。图案用于封闭图形内的图形处理;形用于图上的特殊符号的处理;图块用于各图形之间的合并、拼装、拆分等操作。本任务将练习图案、形与图块的具体应用。

6.1 图 案

6.1.1 图案系统

图案是指在一个封闭的图形(或区域)中填充其他的图形,这种图形由软件产生。Auto-CAD 2016给用户准备了很多这样的图形(图案),图案文件保存在 ACAD . APT 中。

图案填充时,先画一个封闭的图形或者一个封闭的区域,在命令状态下输入"BHATCH(HATCH)"命令或者利用快捷图标,将弹出"图案填充和渐变色"对话框,由对话框中特有的功能来对图案进行填充,如图6.1所示。

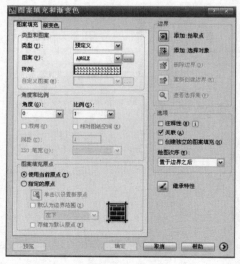

图6.1 "图案填充和渐变色"对话框

6.1.2   选择图案

图案的选择有两种方式:一种是在"图案填充"选项卡"图案(P)"中单击"☑",选择图案名称,图案式样将在小窗口内显示(图6.2);也可以单击旁边的"▥"按钮,弹出一个"填充图案选项板"对话框,用上下光条移动来选择图案,图案选定后,单击"确定"按钮,即确定该图案用于填充,并返回"图案填充"选项卡。"填充图案选项板"对话框中有3个选择,分别是ANSI、ISO、其他预定义,如图6.3至图6.5所示。

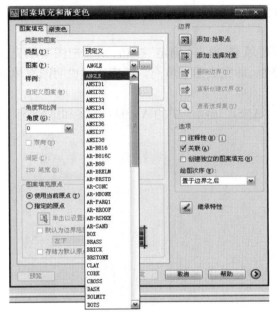

图6.2   "图案填充"选项卡

图6.3   "ANSI"选项卡

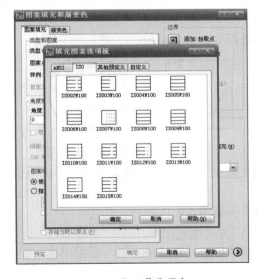

图6.4   "ISO"选项卡

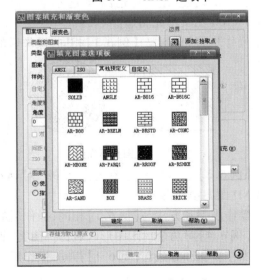

图6.5   "其他预定义"选项卡

6.1.3 边界条件和图案填充预览

1）边界条件

边界条件检测的孤岛样式有"普通""外部"和"忽略"3种。在图案填充前,先选择一种检测的孤岛样式,再进行图案填充。在 AutoCAD 2016 中,边界条件检测由系统自动进行。

2）填充预览

单击"图案填充"选项卡中"预览"按钮,系统将对填充的图案进行预演示,以供用户参考。如果不满意,用户可以重新选择图案,直到满意为止。

3）图案填充

图案选定并预览之后,如果用户满意,需要填充,单击"确定"按钮,则会把图案填充到相应的图形区域并取消"填充图案选项板"对话框,即完成图案填充。下面举例说明图案填充的操作方法。

【例6.1】选择"填充图案选项板"对话框"ANSI"选项卡中的 ANSI34 图案和 ANSI38 图案填充图形。

命令:BHATCH↵

选择内部点:正在选择所有对象…

正在选择所有可见对象…

正在分析所选数据…

正在分析内部孤岛…

选择内部点:↵

拾取或按 Esc 键返回到对话框或＜单击右键接受图案填充＞:

命令:

操作后的图形如图 6.6 所示。

【例6.2】选择"填充图案选项板"对话框"ISO"选项卡中的 ISO07W100 图案和 ISO03W100 图案填充图形。

操作步骤和方法与【例6.1】相同,操作后的图形如图 6.7 所示。

图 6.6　图案填充例 1　　　　　　　　　图 6.7　图案填充例 2

【例6.3】选择"填充图案选项板"对话框"其他预定义"选项卡中的 CORK 图案和 HOUND 图案填充图形。

操作步骤和方法与【例6.1】相同,操作后的图形如图 6.8 所示。

【例6.4】对两个封闭图形区域选择图案"孤岛"方式填充图形。

操作步骤和方法与【例6.1】相同,操作后的图形如图 6.9 所示。

图 6.8   图案填充例 3   图 6.9   图案填充例 4

【例 6.5】对两个封闭图形区域选择图案"外部"方式填充图形。

操作步骤和方法与【例 6.1】相同,操作后的图形如图 6.10 所示。

【例 6.6】对两个封闭图形区域选择图案"忽略"方式填充图形。

操作步骤和方法与【例 6.1】相同,操作后的图形如图 6.11 所示。

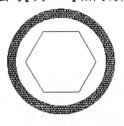

图 6.10   图案填充例 5   图 6.11   图案填充例 6

6.1.4   单色与渐变色图案填充

对于用单色填充,除了在"其他预定义"对话框中选择单色外,也可以在"图案填充和渐变色"对话框"渐变色"选项卡中采用变色方式填充图案,如图 6.12 所示。

图 6.12   "图案填充和渐变色"对话框

在进行图案填充时,为了增强立体感,可以选取"渐变色"填充方式。此方式中有"单色"和"双色"两种。单色是用1种颜色进行色调的层次变化;双色是用2种颜色进行色调的层次变化。变化有9种方式,由对话框进行选择。

对于颜色的选取,不管是"单色"还是"双色",都可以用"颜色"对话框和"真彩色"对话框来进行颜色的选取。

【例6.7】使用渐变色方式填充图形。

操作步骤和方法与【例6.1】相同,操作后的图形如图6.13所示。

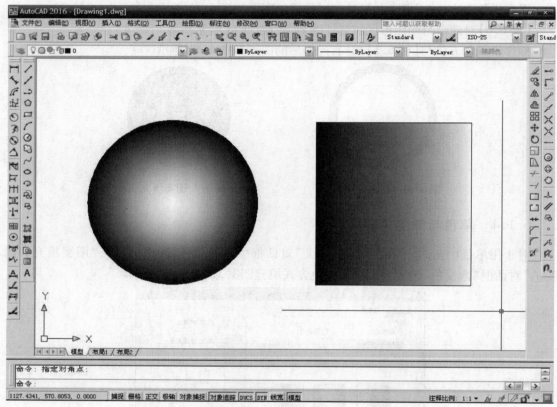

图6.13　图案填充例7

6.2　形操作

在绘图过程中,需要在图形中标注文字、符号,而这些文字、符号都是由软件方式产生的,这种用软件方式产生的文字、符号称为形。形是一组编码,告诉计算机怎样来"画"这些文字和符号。这些编码是一系列数据的组合,由于这些数据保存在文件中,因此也称为形文件。

形文件分为形源文件 ＊.SHP 和形文件 ＊.SHX。形源文件 ＊.SHP 是形数据的原始代码,具有可编辑性,但不能应用于图形;形文件 ＊.SHX 是由形源文件 ＊.SHP 经过编辑之后产生的,可以直接应用于图形。AutoCAD 2016 准备了很多形文件 ＊.SHX,存放在子目录 FONTS

中,通常称为字库。其中,有一个特别的形文件 TXT.SHX(称为文本形文件),文件里存放了键盘上的所有符号,由系统启动时自动装入。

6.2.1　形的概念和定义

由于各专用图纸中的特殊符号不同,有时需要建立自己的字体文件,即在字库中加入自己的形,因此必须弄清楚形的定义。形按一定的方向绘制线段,这种线段称为矢量,形的标准矢量方向图和矢量编号含义如图 6.14 所示。

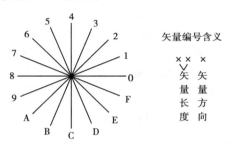

图 6.14　矢量方向图及矢量编号含义

例如:012 表示在 2 的方向上画 1 个单位长度的矢量,04C 表示在 C 方向画 4 个单位长度的矢量。

每一个编码为一个字节的十六进制数。为了更进一步地定义形,系统还定义了一些特殊编码。

编码	定义
000	形定义结束
001	启动绘图方式(落笔)
002	退出绘图方式(抬笔)
003	用下一个字除以矢量长度
004	用下一个字节乘以矢量长度
005	将当前位置压入堆栈
006	绘制由下一个字节给出的子形量
007	给出多个 X–Y 位移量,以(0,0)结束
00A	由下 2 个字节定义八分原弧
00B	由下 5 个字节定义任意部分弧

有了矢量方向图和特殊码,就可以定义形。因此,形定义格式如下:

*形编号,字节数,形名↵

形的字节描述……↵

(注意回车位置)

其中:

"*":表示形定义的标识符号;

形编号:表示形的编号(这个编号除在编辑过程中起顺序作用外,还可以作为子形号被其他的形所调用);

字节数:代表形定义中的字节数,也就是形编码的总的编码个数,应为整数;

形名:该形取的名字,可以用一个字符串来表示,如 UU、TU 等;

形的字节描述:一个形在绘制过程中的编码描述,描述完成后用 0 结束。

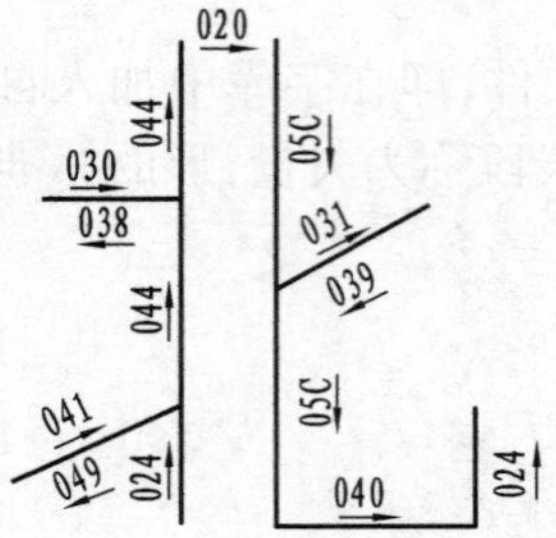

例如,描述"北"字的形定义(图6.15):

　*250,17,BEI↵

024,049,041,044,038,030,044,2,020,1,05C,031,039,05C,
040,024,0↵

例如,数字"0"的形定义:

　*48,14,ZERO↵

2,010,1,016,044,012,010,01E,04C,01A,018,2,040,0↵

形定义的数据编码存入形源文件 *.SHP 中。

图6.15 "北"字形描述

【例6.8】建立一个画正方形和"上"字符号的形源文件,在任一编辑程序(如记事本)下建立 AA.SHP 文件,内容如下:

　*12,5,TT↵

034,030,03C,038,0↵

　*13,8,UU↵

024,01C,010,018,01C,010,028,0↵

此文件中,"TT"是正方形符号;"UU"是"上"字符号,如图6.16所示。

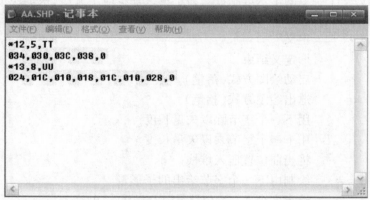

图6.16 正方形、"上"字形编辑对话框

6.2.2 形的编译与嵌入

1)形编辑

形源文件保存后,必须用 COMPILE 命令来进行编辑。执行 COMPILE 命令时,将弹出一个文件对话框,显示全部形源文件 *.SHP,此时选定需要的文件名并回车,即可进行形的编辑。如果没有编辑错误,将产生一个编译以后的形文件 *.SHX,并自动存盘。COMPILE 命令的操作格式:

命令:COMPILE

编译形/字体说明文件(单击文件对话框内的文件名,按"Enter"键)

编译信息

命令：

例如：

命令：COMPILE ↵

编译形/字体说明文件（单击文件对话框内的文件名 AA，按"Enter"键）

编译成功。输出文件 F:\jfcad\AA.SHX 包含 60 个字节。

命令：

此时盘上保存了一个文件 AA.SHX，有 60 个字节。这就是把形源文件 AA.SHX 编译成功后的形文件 AA.SHX。

2）形嵌入

对于已经编辑好的形文件 *.SHX，为了以后用 STYLE 命令设置字样和字体时方便，可以把形文件 *.SHX 嵌入字库。嵌入方法：把形文件 *.SHX 复制到 AutoCAD 2016 的字库文件夹 FONTS 内。

对于非文字类的形文件 *.SHX，不能嵌入字库，在应用时装入。

3）形装入

对于 TXT.SHX 文本形文件，系统启动时自动装入；对于一般的符号形文件 *.SHX，使用 LOAD 命令装入，执行时回答形文件名即可；对于一般的文字形文件（包括各种汉字），使用 SYTLE 命令将弹出一个"字形"对话框，选择"NEW"按钮，输入文件名，即可完成形的装入。

6.2.3 形的调用

形的调用是指在绘图过程中使用形。对于文本形文件 TXT.SHX 的形调用，可以直接使用 TEXT 文字标注命令，从键盘上直接输入；对于汉字形文件的调用，也使用 TEXT 命令，采用汉字输入方式输入汉字；对于一般的符号形文件，可以使用 SHAPE 命令进行形调用。例如：

命令：LOAD ↵

（在弹出的文件对话框中单击要装入的形文件名 AA.SHX）

命令：

命令：SHAPE ↵

形名：TT ↵

起点：（鼠标拖动或者输入坐标）

高度：<1.0000>2 ↵

旋转角：<0.0000>↵

即可以在指定位置绘制形。

6.2.4 特殊字形的调用

对于 TXT.SHX 中的特殊字符，或者用户在 TXT.SHX 中增加的特殊字符，可以使用特殊方式进行形调用。其调用格式为：%%形编号。例如：%%130 为符号 φ，%%131 为符号 ⚒

需要说明的是:AutoCAD 2016 系统开发商提供的 TXT. SHX 形文件,除了前面介绍的特殊字符外,没有其他的特殊字符。字符编号为 1 ~ 129。编号 130 ~ 159 是空缺,编号 160 为汉字开始,用于其他的汉字形文件。由于在建筑结构施工图上有一些特殊符号,如钢筋符号等,在原有的 TXT. SHX 中就没有。为了绘图方便,笔者经多年实践,修改了原 TXT. SHX 文件,增加了一些特殊符号,修改后的 TXT. SHX 文件特殊符号如下:

形编号	特殊符号	形编号	特殊符号
130	φ	141	I
131	⚮	142	II
132	△	143	III
133	上下标开始	144	IV
134	上下标分隔	145	V
135	上下标结束	146	VI
136	上标开始	147	VII
137	上标结束	148	VIII
138	下标开始	149	IX
139	下标结束	150	X
140	δ		

注意:新的 TXT. SHX 文件增加了上标、下标、上下标功能,给文字标注带来了极大方便。例如:B%%133n%%1345%%135,其结果为 B_5^n;B%%138(i,j)%%139,其结果为 $B_{(i,j)}$。在使用时,把新的 TXT. SHX 文件拷入 AutoCAD 2016 的 FONTS 子目录,覆盖原来的 TXT. SHX 文件就可以使用了(新的 TXT. SHX 文件由本书作者提供)。

【例6.9】利用新的 TXT. SHX 文件进行特殊字符和上标、下标、上下标的标注。

命令:TEXT↵

当前文字样式:Standard　当前文字高度:5.0000

指定文字的起点或[对正(J)/样式(S)]:(鼠标点取)

指定高度 <5.0000>:↵

指定文字的旋转角度 <0>:↵

输入文字:4%%13125 ↵

输入文字:%%1308@100 ↵

输入文字:B%%133n%%1345%%135 ↵

输入文字:B%%133 上标 n%%134 下标5%%135 ↵

输入文字:B%%136 - m%%137 ↵

输入文字:B%%136 上标 - m%%137 ↵

输入文字:B%%138(i,j)%%139 ↵

输入文字:B%%138 下标(i,j)%%139 ↵

输入文字:上下标标注%%133 上标%%134 下标%%135 ↵

输入文字:%%132t = %%132x + %%132y ↵

输入文字:↵

命令：

绘出的图形经过平移后如图 6.17 所示。

为了使读者能更好地学习形文件的概念和定义，下面把修改后的 TXT.SHP 中的特殊字符与上、下标标注的形源文件代码列出，供读者参考与学习。修改后的 TXT.SHP 中的 130～150 编号的源代码如下：

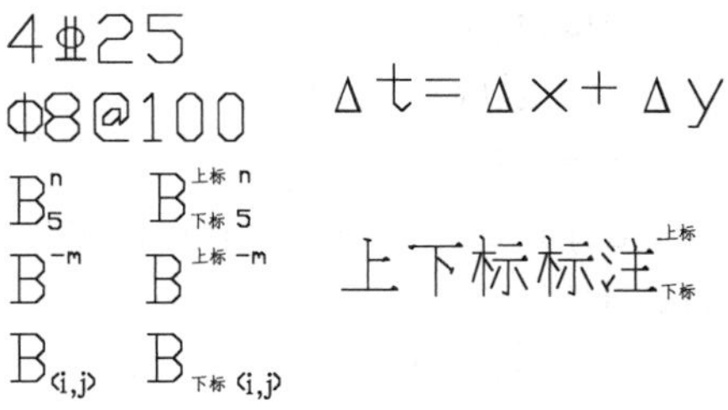

4⊥25
Φ8@100
B_5^n $B_{下标 5}^{上标 n}$
B^{-m} $B_{下标}^{上标 -m}$
$B_{(i,j)}$ $B_{下标 (i,j)}$

$\Delta t = \Delta x + \Delta y$

上下标标注$_{下标}^{上标}$

图 6.17　特殊标注

*129,17,kpls−1

2,012,1,016,024,012,020,01e,02c,01a,028,01b,063,2,06c,010,0

*130,21,kdiam

2,012,1,016,024,012,020,01e,02c,01a,028,2,010,01c,1,064,2,010,03d,03c,0

*131,24,rl

2,012,1,016,024,012,020,01e,02c,01a,028,2,010,01c,1,064,2,06c,018,1,020,2,020,0

*132,6,dboxl

050,045,04b,2,060,0

*133,7,r2

2,5,054,018,3,3,0

*134,5,r3

2,6,048,02c,0

*135,6,r4

2,048,024,4,3,0

*136,6,r5

2,054,018,05c,0

*137,6,r6

2,4,3,018,05c,0

*138,6,r7

2,01c,018,3,3,0

*139,6,r8

2,4,3,018,014,0

*140,20,r9

2,20,1,018,016,014,012,010,01e,01c,01a,2,012,014,1,044,021,2,04c,

*141,15,qbl

2,8,(1,21),1,040,028,8,(0,−21),020,048,2,0c0,0

*142,7,pb2

7,141,2,68,7,141,0

*143,11,qbq

7,141,2,068,7,141,2,068,7,141,0

* 144,7,qbal
7,141,2,068,7,145,0
　*145,23,qba5
2,8,(1,21),1,020,018,8,(3,-21),018,020,018,8,(3,21),018,020,2,8,(10,-21),0
　*146,9,qba6
7,145,2,8,(-7,0),7,141,0
　*147,7,qba7
7,146,2,068,7,141,0
　*148,7,qba8
7,147,2,068,7,141,0
　*149,7,qba9
7,141,2,068,7,150,0
　*150,23,qb10
2,010,1,020,018,8,(6,21),010,028,2,048,1,028,010,8,(6,-21),018,020,2,0a0,0

注意:如果把以上代码加在形源文件 TXT. SHP 的后面再存盘,进入 AutoCAD 2016 系统后重新编译得到新的 TXT. SHX 形文件,就可以在图上标注前面介绍的特殊字符和上、下标了。

6.3　图块操作

图块是将一组图形集合起来做成一个整体,并赋予名称保存起来,以便插入在图纸中。图块在插入时可以进行放大、缩小、旋转等操作,是进行图块拼装的一个重要操作。

6.3.1　内部图块定义

内部图块是图块定义后保存在临时缓冲区内,只能在当时图形中使用。使用 BLOCK/BMAKE 命令可以定义内部图块。在该命令前加"-"是命令行方式,原命令为启动对话框方式。例如:

命令:BLOCK ↵

将弹出"块定义"对话框,利用对话框可以定义图块,如图 6.18 所示。

①名称:输入定义的图块名称,或者单击☑按钮,下拉出已经定义的图块名称,单击选择之后可以重新定义该图块。

②基点:输入定义图块的基准点,可以修改对话框中的基点坐标值 X,Y,Z;也可以单击"拾取点"按钮,返回图形界面用鼠标点取基点。

③对象:选取作为图块的对象。单击"选择对象(I)"按钮,用鼠标在图形中选取对象。单击"保留(R)",定义图块以后,将保留原对象;单击"转换为块(C)",将把原来选取的对象转换成块;单击"删除(D)",定义图块以后,把原选取对象删除。这 3 种方式只能选取其中的一种。

图 6.18 "块定义"对话框

④预览图标:点取"不包括图标",将不显示预览对象;点取"从块的几何图形创建图标",将预览对象。

⑤设置:可以设置块单位(指图块插入的图形单位),单击☑按钮,将下拉显示各种图形单位,有元、英寸、英尺、英里、毫米、米等,一般选取毫米。

⑥说明:可以输入必要的说明。

最后单击"确定"按钮,则定义好一个内部图块。

【例 6.10】将图 6.19 所示的梅花图案定义成图块。

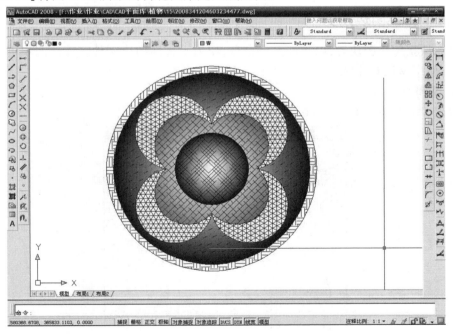

图 6.19 梅花图案

命令:BLOCK ↵

指定插入基点:(鼠标点取)

选择对象:W ↵

指定第一个角点:指定对角点:找到 22 个

选择对象:↵

命令:

本例操作时弹出的对话框如图 6.20 所示。取块名为"1",基点用鼠标点取图案的中心；选取对象用 W 参数开窗选择；定义时保存原来的图形。从图 6.20 中还可以看到,图块定义确定前,对话框进行了图块预览。

图 6.20　内部图块定义操作

6.3.2　外部图块定义

外部图块指定义图块后,以文件方式存盘,作为永久性图块文件。外部图块可以插入任意图形中,使用 WBLOCK 命令可以定义外部图块。例如:

命令:WBLOCK ↵

将弹出"写块"对话框,如图 6.21 所示。

图 6.21　图块写块操作

①源:包括图块选取源对象。单击"块",将选取已经定义的内部图块方式存盘;单击"整个图形",将整个图形存盘;单击"对象",将重新选取图块对象。这3种方式只能选取其中的一种。

②基点:可以修改对话框中的X,Y,Z坐标,定义基点;也可以单击"拾取点"按钮,进行图面基点的鼠标选取。

③对象:选择图块对象,单击"保留(R)",将保留原对象;单击"转换为块(C)",将把原对象转换成块;单击"从图形中删除(D)",将原对象删除。这3种方式只能选取其中的一种。

单击"选择对象"按钮,可以用鼠标在原图形中选择图块对象。

④目标:对图块写盘的文件名、路径、插入单位进行定义。"文件名和路径(F)",输入图块文件(存盘用)的名称和存盘的路径;"插入单位(U)",与定义内部图块一样,选取插入的单位。单击"▭"按钮,将弹出文件对话框,从对话框中浏览文件。

以上操作完成后,单击"确定"按钮,将指定的图块按指定的文件名保存。

【例6.11】将图6.22所示的组合梅花图案以图块文件形式写入磁盘。

图6.22　组合梅花图案

命令:WBLOCK ↵

指定插入基点:(鼠标点取)

选择对象:W ↵

指定第一个角点:指定对角点:找到88个

选择对象:↵

命令:

本例操作中,基点由鼠标点取;对象开窗选取,文件名为"新块"。

6.3.3　图块的插入

图块定义之后,内部图块可以插入当前图形中,外部图块可以插入任意图形中。图块插入使用INSERT命令,或者在菜单栏"插入"中选取"块(B)",将弹出"插入"对话框(图6.23)。例如:

命令:INSERT ↵

将弹出"插入"对话框(图6.23)。

①名称:选取插入图块的名称。对于内部图块,单击名称框内的▼图标,将下拉显示全部内部图块的图块名,用鼠标选择名称即可;对于外部图块,单击"浏览"按钮,将弹出"选择图形文件"对话框,可以选取路径、文件名,以确定外部图块。值得注意的是,所有图形文件 ∗.DWG 都可以作为外部图块。

②路径:插入时的参数选择。"插入点"可以修改该插入点 X,Y,Z 的坐标;也可以单击"在屏幕上指定(S)",将在屏幕上由鼠标选取插入点。"比例"可以修改图块缩放的 X,Y,Z 的比例,默认值为 1,1,1;也可以单击"在屏幕上指定(E)",在屏幕上插入图块时由键盘输入。"旋转"用来修改旋转角度的值,默认值为 0;也可以单击"在屏幕上指定(C)",在屏幕上插入图块时用鼠标或者用键盘输入角度值。

以上操作完成以后,单击"确定"按钮,将进行图块插入。

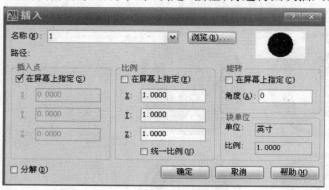

图 6.23   "插入"对话框

南立面图1:100

图 6.24   建筑立面图

【例6.12】在已经画好的图 6.24 中插入已有的图块"新块01""新块02"和"新块03"。操作如下:

命令:INSERT ↵

弹出"插入"对话框,单击"浏览(B)"按钮,由"选择图形文件"对话框选取文件,如图6.25所示。

在"插入"对话框中单击"确定"按钮,以便插入图块。插入图块后的图形如图6.26所示。

指定插入点或［比例(S)/X/Y/Z/旋转(R)/预览比例(PS)/PX/PY/PZ/预览旋转(PR)］:

命令:

对于图块"新块02"和"新块03"的插入操作与图块"01"的一样,最后完成的插入图块的图形如图6.27所示。

图 6.25　"选择图形文件"对话框

图 6.26　插入图块后的图形

图 6.27　插入图块完整的图形

实训 6

6.1　先绘制图形(圆和矩形),再按如图 6.28 所示的图案填充。

图 6.28　图案填充图

6.2　先绘制图形(圆和矩形),再按如图 6.29 所示的图案填充。圆用单色渐变色,颜色分别是绿色、蓝色和红色;矩形用双色渐变色,颜色分别是红色、黄色,绿色、蓝色,蓝色、天蓝色。

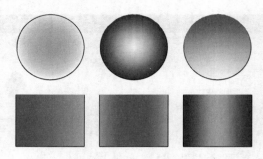

图 6.29　渐变色图案填充图

6.3　先用单色渐变色填充图形,再用环形阵列复制图形,颜色是桃红色和绿色,如图6.30所示。

图 6.30　渐变色图案填充图

6.4　用形定义方法定义以下文字:

中国北京

进入 AutoCAD 2016 进行形编辑,再将它们插入当前图形中。

6.5　绘制如图 6.31 所示的图形,再用图块插入命令插入图框和标题栏。

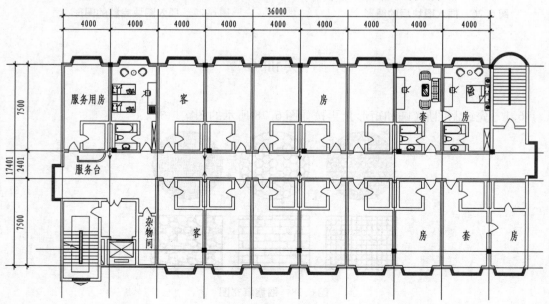

四至七层平面图 1:100

图 6.31　建筑平面图

6.6 绘制如图6.32所示图形,再用图块插入命令插入图框和标题栏。

东立面图1:100

图6.32 建筑立面图

任务7 建筑施工图绘制实例

前面我们学习了 AutoCAD 2016 的绘图、图形编辑、文字标注、图层管理、尺寸标注以及图案、图块操作等知识,已经具备了计算机绘图的综合能力。本任务将利用 AutoCAD 2016 的绘图功能,介绍在建筑设计中计算机绘图的各种实例,使读者充分掌握计算机绘图的特点、特色和绘图技能,并重点掌握计算机绘制建筑施工图的方法和技巧。

7.1 建筑施工图总说明

一套完整的建筑施工图,应有关于建筑设计的总的说明,并在总说明中包括以下内容:

①工程概况:有关工程的基本情况,有拟订的设计方案说明、设计合同、规划部门批准的地形红线图、现行设计的规范和规程、工程地质勘测报告等。

②设计依据:建筑物的总面积、总标高,建筑的特点、用途,以及建筑结构体系、抗震要求、防火设计说明等。

③墙体工程:说明墙体工程的做法、要求等。

④防火构造要求:说明防火设计的构造要求、防火等级和防火措施等。

⑤内外装修要求:说明建筑的内外装修的要求、标准。

⑥门窗工程:说明门窗的做法、要求和安装要求,并统计各种门窗的尺寸和它们的件数等。

⑦抹灰工程:说明建筑的内、外墙面的抹灰要求和标准等。

⑧节能设计:说明节能设计的要求、标准及要达到的节能效果等。

⑨建筑材料:用表格形式列出工程要求的建筑材料的名称、规格、尺寸和性能等。

⑩其他:说明其他和工程有关的事项和要求等。

建筑施工图总说明实际上是一张建筑施工图,一般作为建筑施工图的第一张图纸。它的绘制主要是文字标注和一些表格以及局部做法的大样图。

【例7.1】绘制建筑总说明图。

操作步骤:第1步,调入一张图框图纸文件(最好带有标题栏);第2步,根据草稿标注文字;第3步,绘制表格并标注文字。

绘制的图纸如图7.1所示。

建 筑 设 计 总 说 明

一、工程概况
1. 中学设计是受托于某单位建设的建筑的设计方案。
2. 设计合同、计划设计及规划设计的有关文件。
3. 规划部门提供的红线图及现状地形图。
4. 现行有关民用建筑的设计规范及规程：
《民用建筑设计通则》GB 50352—2005
《中小学校设计规范》GB/T 50099—2011
《建筑设计防火规范》GB 50016—2014
《公共建筑节能设计标准》GB/T 50353—2013
5. 设计任务书及有关本专业的规范、规程、规定。
6. 有关国家规定的建筑材料、结构、给排水、电气各专业工程和规程。
7. 设计任务书中编制本设计文件的规模、当地建筑标准。

二、设计依据
1. 本工程为辅助教学楼。
2. 工程建筑等级为二级。
3. 建筑面积1 561.13 m²。
4. 设计使用年限为50年，总建筑面积6 244.52 m²，基底面积1 561.13 m²。
5. 室外地坪标高为相对标高，室内外高差600 mm。
6. 屋面防水等级为二级，合理使用年限：10年。
7. 抗震设防烈度：6度。设计基本地震加速度值：0.05 g，结构形式：框架结构。

三、设计标高
1. 本工程一层地面标高为±0.000，当于黄海部门高程。
2. 本工程室内高差3.500 m，当于黄海部门相对标高±0.000。

四、墙体工程
1. 墙体基础部分详图详见结施图。
2. 外墙为240 mm和370 mm的加气混凝土砌块，厚度240 mm和370 mm，局部砂浆，内墙厚度600 mm。
3. 室内外墙采用小于7 kN/m³的加气混凝土砌块，具体构造做法见大样图及产品说明书。
4. 墙体厚度120 mm时的外墙体采用木用大芯板网装修。

加气混凝土墙体表	厚度	防火等级	备注
加气混凝土墙	240、370	4.0	
木总钢丝网墙	120	1.5	

五、防火构造要求
1. 素水泥浆一层为一个防火分区，设有消火栓及消火栓。
2. 防火楼梯设有两间楼梯间设一个通向屋面的安全出口，疏散楼梯采用防火疏散通道。

六、装修工程做法
1. 喷涂料要求基层应处理平整干净，不得有抹灰不平，抹灰层颜色应均匀，色差小，喷涂厚度均匀，不得流淌。
2. 外墙涂料要求做好应应作应样板，由甲方、设计、监理认可后，再大面积施工。
3. 楼地面采用白色、柔浅色水泥加200 mm水泥沙浆，中涂白色×800 mm左右。
4. 外墙保温材料层详见大样图。
5. 楼地面墙面应作样板，由甲方指导下完工。

七、门窗工程
1. 建筑外门窗抗风压性能等级为6级以上，由厂家根据基本风压、周边环境及建筑高度设计确定，本工程楼层数为4级，飞檐建筑等级为8级。门窗气密性能等级为3级。

×× 职业技术学院

工程项目		建筑工程CAD制图
		建筑设计总说明

图7.1　建筑设计总说明图

7.2　绘图准备

本章以具体的建筑施工图为例,详细介绍利用 AutoCAD 2016 绘制建筑图纸的基本步骤。

单击 AutoCAD 2016 图标,打开窗口,使用"无样板打开"新建一个文件窗口。然后做一些前期的绘图环境的配置,并为新图赋名,这在开始绘图之前是一项必要的工作。

1)出图比例与图形界限

在使用 AutoCAD 2016 绘制图纸时,为了操作方便,通常采用 1∶1 的比例进行绘制。出图比例则根据比例绘制不同大小的图框来进行控制,在打印时设定正确的图幅,框选画好的图框,按照相应比例打印,即可在对应大小的图纸上获得相应正确的图样。

AutoCAD 2016 也有一个设定比例缩放的功能,在下拉菜单中选择"格式"→"比例缩放列表",在对话框中选择自己需要的比例,一般在建筑平面图绘制中选用的比例为 1∶100。

使用 LIMITS 命令,可以根据自己的需要设置图形界限,然后用 ZOOM 命令中的 ALL 选项将定义的界限全屏显示。

2)图层设置

建筑图纸中的图线非常多,并且不同的线型代表着不同的含义,因此养成良好的图层控制习惯是非常有必要的。使用 LAYER 命令建立不同的图层,设定相应的线宽并分别赋以不同的颜色,以使图形更加清晰醒目,便于修改。

3)设置长度单位和角度单位

AutoCAD 2016 中默认的图形单位与建筑图纸的标注习惯并不一致,需要使用 UNITS 命令来进行设定,在弹出的对话框中,长度单位选择"小数",精度选择"0"(即不带小数),角度单位选择"十进制度数",其精度根据作图要求选定。

4)设置线型比例

为了让图中使用虚线、点画线等线型时显示合理,可使用 LTSCALE 命令,其提示要求输入新线型的比例因子,假设图纸比例为 1∶100,则在此处输入 100,回车即可。此时设定的是全图中所有图线的比例,对于个别显示不合适的图线,则用 PROPERTIES 命令单个逐一修改。

5)设置标注样式

图纸中的标注包括文字标注与尺寸标注,其样式均需要在前期进行设置,以保证绘图过程中所作的标注形式统一。使用 STYLE 命令和 DIMSTYLE 命令,可以弹出设置标注样式的对话框,进行相应设置即可。

6)保存新图

AutoCAD 2016 的菜单功能非常强大,本节中所有设置均可以在下拉菜单"格式"一项里找到对应的菜单操作。完成这些设置后,在下拉菜单中选择"文件"→"保存",并在对话框的文件名位置输入图形文件名称,同时选择保存的文件夹位置,全部确定后单击"保存"按钮,即可完成新图赋名存档。

7.3　建筑平面施工图绘制实例

　　建筑平面施工图(简称建筑平面图)设计主要是设计建筑平面。从建筑平面施工图中,可以反映出建筑物在某个层面上的房间功能、出入口的位置、门窗的位置、楼梯的位置等信息,同时也反映出房间的面积、楼层的标高及房间内的室内布置等相关信息,为建筑施工提供依据。

　　建筑平面图是设计过程中最主要的图纸,必须绘制准确无误,才可能为建筑施工提供可靠依据。其绘制的基本顺序是:轴线→墙线→门窗→楼梯→其他细部→尺寸→文字标注。下面以图7.2为例,介绍建筑平面图的常用绘制过程。

1)图层设置

　　良好的图层控制习惯可以帮助操作者更方便地对图纸进行修改编辑,建筑平面图的常用图层设置见表7.1。

表7.1　建筑平面图常用图层设置表

图层内容	图层名	颜　色	线　型
建立轴网	轴线	红色	ACAD_ISO04W100
绘制墙体	墙线	255	CONTINUOUS
绘制门窗	门窗	青色	CONTINUOUS
绘制楼梯	楼梯	2	CONTINUOUS
标注尺寸	尺寸	绿色	CONTINUOUS
标注文字	文字	7(白色)	CONTINUOUS
图案填充	填充	蓝色	CONTINUOUS
绘制阳台、雨篷、散水等	阳台、雨篷、散水等	洋红	CONTINUOUS
插入配景	配景(家具、厨卫用具等)	9	CONTINUOUS

　　根据表7.1,在AutoCAD 2016中建立好相应的图层,为绘图作好准备。建好的图层如图7.3所示。

2)建立轴网

　　绘制建筑平面图一般从建立轴网开始,以此作为墙体的定位。绘制轴网的常用方式是画线偏移法。选择DOTE层为当前图层,使用LINE命令绘制一条水平直线和一条铅垂直线,直接得到红色的单点长画线,线的长度以略长于横竖两个方向总长度为佳。

　　使用偏移OFFSET命令,依照图7.2的开间和进深数据绘制轴网,如图7.4所示。

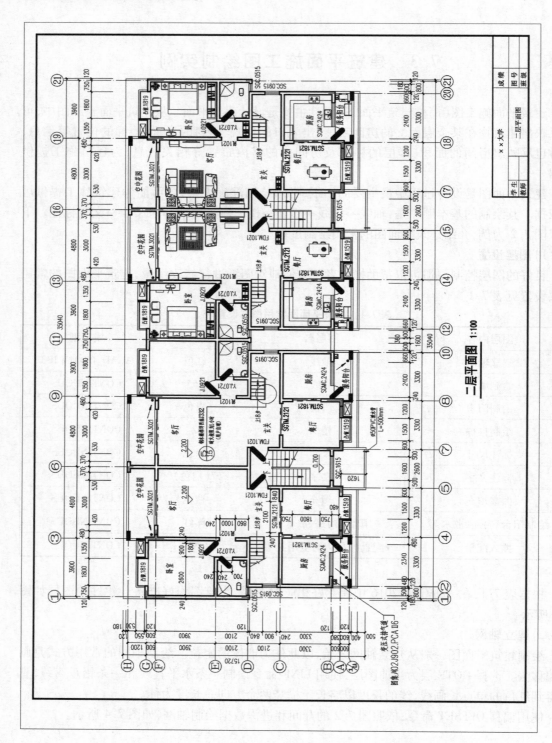

二层平面图 1:100

图7.2 某住宅建筑平面图

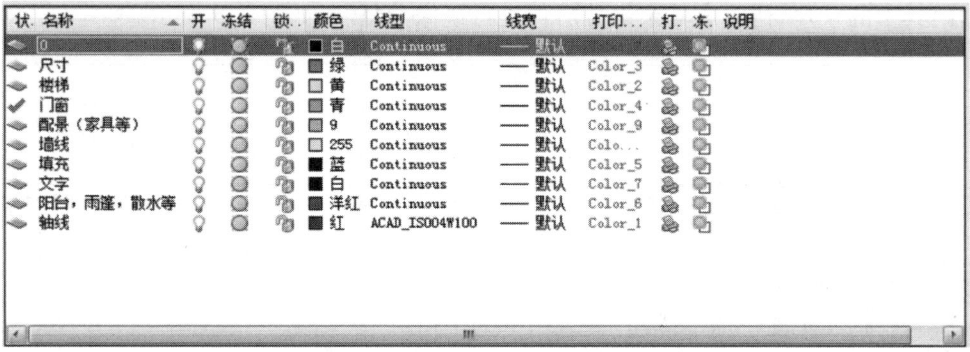

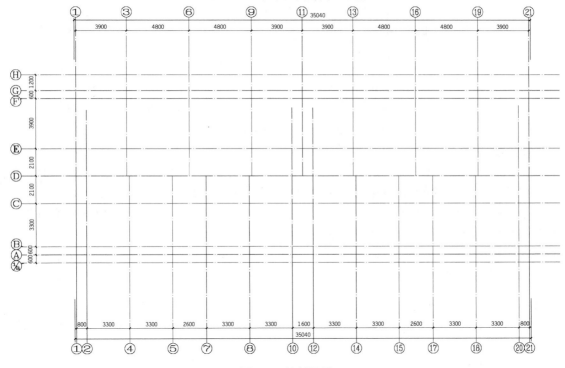

图 7.3 建筑平面图的图层设置

图 7.4 绘制轴网

3)绘制墙体

轴网绘制完成后,就可以在其上进行墙线的绘制,使用 MLINE 命令是比较快速有效的方法。MLINE 命令有 3 种对齐方式,即"上""下"和"无",应该选取"无",然后直接沿轴线绘制;平行线的宽度应设置为墙的厚度,设置当前层为 WALL,开始绘制。如果图中有柱子,也应在这一步骤中同时绘制出来。

由于被剖到的墙体和柱都应画为粗线,所以应加粗线宽,为了让绘图者更清晰地掌握线宽关系,可以进入粗线层(THICK),使用 PLINE 命令设置好宽度以后沿墙线加粗一圈。

值得注意的是,为了减少作图工作量,在平面图左右对称的情况下,一般只画出其中的一半,然后使用镜像命令直接生成另外的部分。图 7.2 的四户平面布置完全相同,故在本步骤

只用画出其中的一户,待完成其余部分后再进行镜像和复制,如图 7.5 所示。

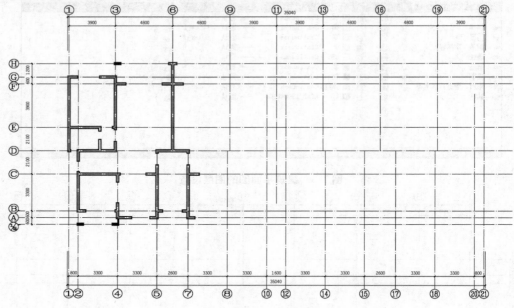

图 7.5　绘制内外墙体

4)绘制门窗

在已经画好的墙线上加入门窗。绘制窗户主要使用 LINE 命令,绘制门主要使用 LINE 命令和 ARC 命令,注意按照制图标准,门应用中粗线表示,故应加粗。

建议使用 BLOCK 命令将不同的门窗分别制作成图块,然后插入所需的位置。绘图效果如图 7.6 所示,图中部分门窗块内自带编号标注。

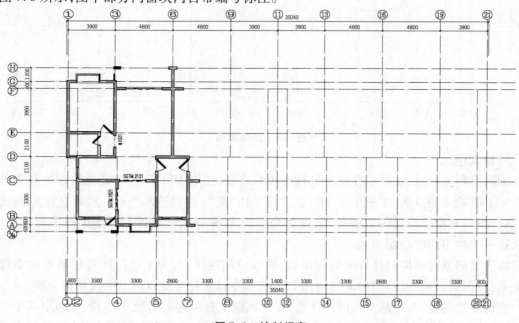

图 7.6　绘制门窗

5)绘制楼梯

先按照画墙线的方法补出楼梯端部所缺墙段,如有需要还应开启门窗,然后开始楼梯梯段的平面绘制。梯段部分选择 STAIR 层进行绘制,可以使用 ARRAY 命令和 OFFSET 命令的组合,在折断线处使用 TRIM 命令修剪,然后作出箭头,完善图形。为避免遗漏,一般在绘制楼梯的同时就在箭头尾部标明上下方向,如图 7.7 所示。

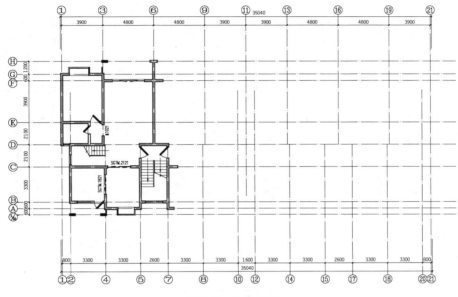

图 7.7 楼梯绘制

6)镜像对称

本图户型单元由一变四,需要执行两次镜像命令,并用 TRIM 命令和 ERASE 命令修整对称结合处轴线的图形,完成对称作图,如图 7.8 所示。

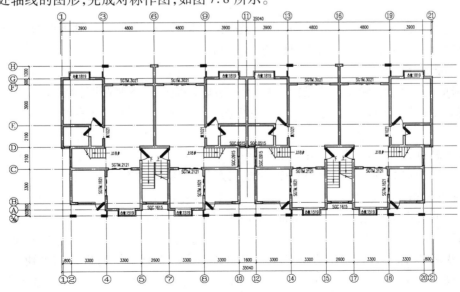

图 7.8 镜像命令完成对称作图

7)绘制阳台及雨篷

设置 OTHER 为当前层,根据设计要求,在正确的位置使用细线绘制阳台和雨篷,其他一些建筑细节包括空调板、落水管和烟道等均应在此时加以完善,完成后的图形如图 7.9 所示。

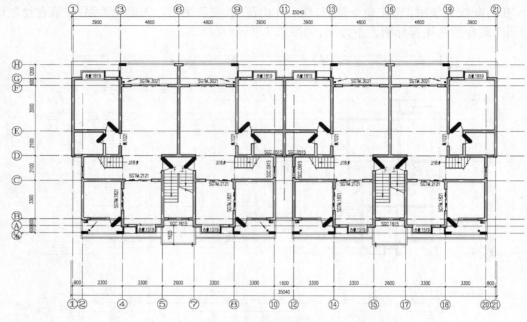

图 7.9　阳台和雨篷绘制

8)绘制家具及厨卫用具等配景

设置 TOTHER 为当前层,绘制配景,本例画出家具、厨卫用具和空调等。建议在各次绘图中都建立家具与洁具图块存档,以完善自己的图库,以便在绘制其他图纸时可以直接调用,减少重复工作。

根据对称性,同样可以先画出一户的家具,然后使用镜像命令完成其他配景绘制。对影响图面清晰程度的部分轴线也需进行修剪,完成后的图样如图 7.10 所示。

9)尺寸及标高标注

尺寸标注分为轴线标注和墙段标注两个主要部分,应严格按照制图标准的要求绘制轴线圈,注写轴线编号,同时标注 3 道尺寸,并完成图纸中需要的内外直墙段的各种细部尺寸的标注。

绘制标高符号,注写本层的标高。

以上操作均在 PUB_DIM 层进行,全部调整以后所得结果如图 7.11 所示。

10)文本填写

图纸中的文本填写主要包括门窗标注和房间名称等文字的填写。

①门窗标注。建筑平面施工图中的门窗必须进行编号,为了让对应状态更加清楚,可以在使用 WBLOCK 命令自行制作门窗图块时将门窗标注的字样直接写进该门窗块中,在插入门窗块时自带标注;也可以在绘制的最后步骤根据需要逐一填写,后者的好处是可以随时自由移动编号位置,以避免与其他标注相互遮挡,发生冲突。

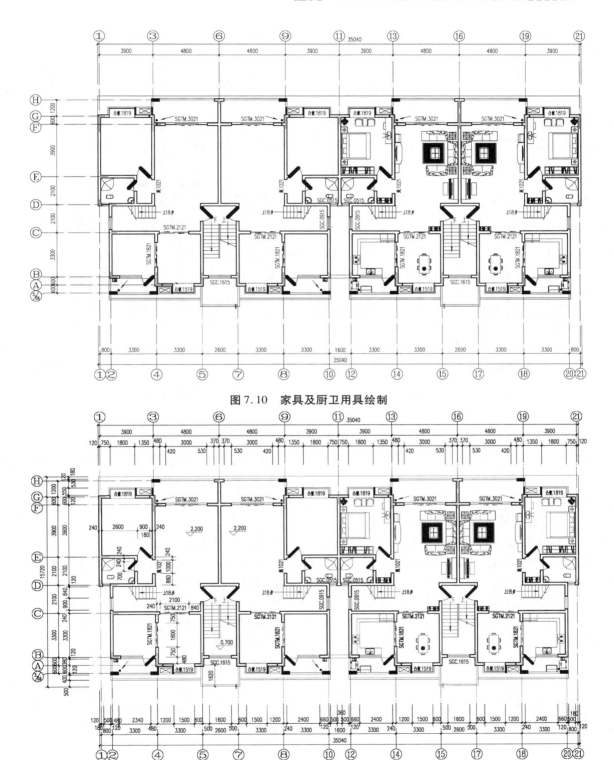

图 7.10 家具及厨卫用具绘制

图 7.11 尺寸及标高标注

②文字填写。图中汉字使用 TEXT 指令,在 PUB_TEXT 层注写(图 7.12)。

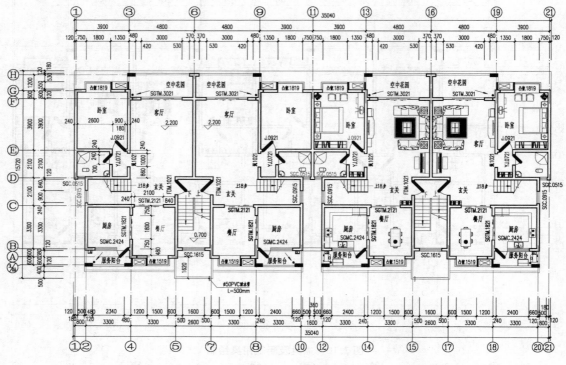

图 7.12   文本填写

③文本编辑。在建筑图纸的绘制过程中,经常需要对已经填写的文本进行修改,此时应该区分已有文字的属性。从属于块的文字,例如在门窗块中定义的门窗编号,必须对该图块重新定义方可修改;其他普通的文字(不从属于块的),可以使用 DDEDIT 命令进行修改和编辑。如果文字位置发生偏差,可以使用 MOVE 命令将目标汉字移至所需位置。

11)图框插入及布图调整

图纸绘制基本完成后就必须插入图框了,由于在 AutoCAD 2016 中图形是按实际大小绘制的,因此出图比例实际上是由不同大小的图框插入来实现的。而前面所进行的尺寸标注等也都是根据设定的出图比例自动调整大小,以满足出图后尺寸比例正常。

本例中采用的比例是 1:100,采用的图幅是 A2,故应用的图框大小为长 59400、宽 42000。

图框插入后,需要对整张图纸进行完善修整,包括使用文字标注命令填写图标各项,注写图名,并根据需要添加详图索引,如果是底层平面图则需要画出剖切符号和指北针等。

所有调整完成并检查无误后即完成整张平面图的绘制,如图 7.13 所示。

为了绘制不同的建筑平面图,如办公楼、商场等公共建筑的建筑平面图,这里提供一些类似的建筑平面图供大家参考。这些建筑平面的房间是按功能来布置的,有的是大空间,有的是大柱网,例如商场的柱网较大,因为一层是开放式车库,如图 7.14、图 7.15 所示。

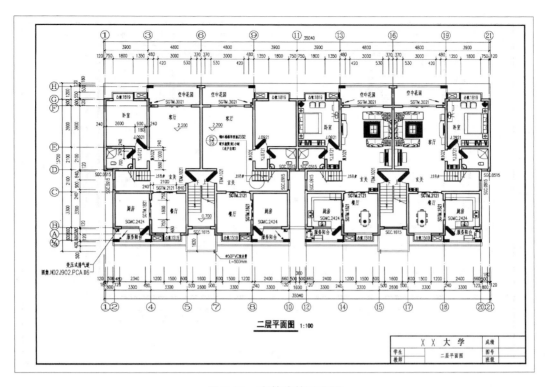

图7.13 完整建筑平面图

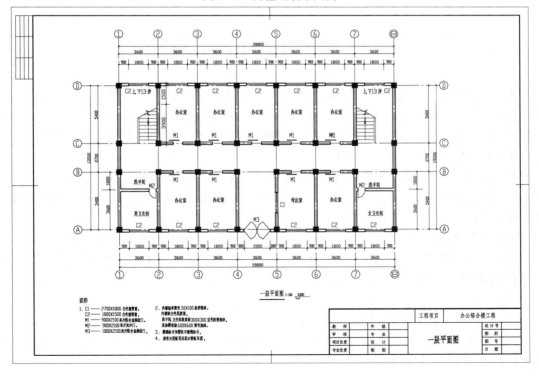

图7.14 建筑平面图例图1

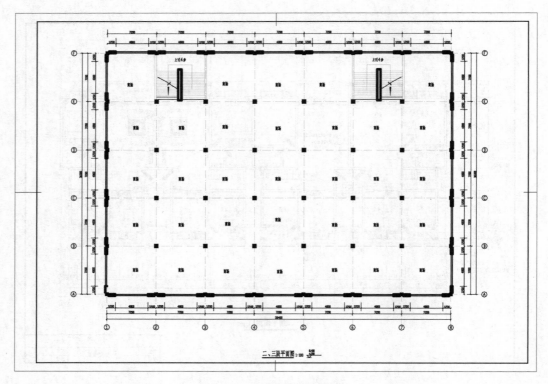

图 7.15 建筑平面图例图 2

7.4 建筑立面图绘制实例

建筑立面图是根据建筑平面图来绘制的,主要表现建筑物的立面效果。建筑立面图由于观察方向的不同,可分为正立面(南立面)图、东立面图、西立面图和北立面图。建筑立面图的绘制按平行投影的原则,凡是立面上独立的可见的面和线都要绘制独立轮廓线。轮廓线的线宽为 0.3 mm 左右时,画出的效果较好。

为了图面的美观,独立的轮廓线用粗线表现,一般取 0.2 ~ 0.5 mm,其余用细实线。立面图上还应画出每一层的层高等相关信息。为了增强图面效果,应当插入适当的建筑配景来充分展现建筑物的特点、功能和用途。

绘制建筑立面图,首先确定要画哪个方向的立面图;然后画一条水平线作为地坪线。根据建筑轴线画出建筑立面图主体的辅助线,作为画建筑立面图主体的依据;用"直线"或"矩形"命令绘制建筑立面图主体的轮廓、门窗的轮廓。

7.4.1 绘制建筑立面主体图

下面用图 7.13 的①—㉑轴线来绘制建筑立面图(图 7.16),以此为例介绍使用 AutoCAD 2016 绘制建筑立面图的基本步骤和基本方法。

图 7.16　①—㉑轴立面图

1)图层设定

为了更好地绘制建筑立面图,应先设置好图层,图层设置见表 7.2。

表 7.2　立面图的图层及其属性关系表

图层内容	图层名	颜色	线型
绘制立面墙体	外墙轮廓	36	CONTINUOUS
绘制立面门窗	门窗轮廓	154	CONTINUOUS
绘制立面装饰	立面装饰	40	
绘制楼梯	楼梯	黄色	CONTINUOUS
标注尺寸,标高	尺寸,标高	绿色	CONTINUOUS
标注文本	文本	38	CONTINUOUS
绘制立面轴网	轴线	12	ACAD_IS004W100
立面装饰填充	填充	150	CONTINUOUS

根据表 7.2 设置图层,如图 7.17 所示。

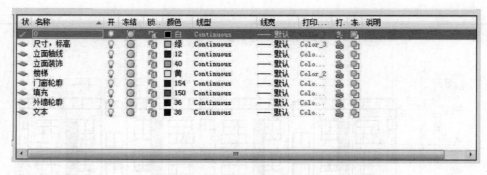

图 7.17　立面图图层设置

2)制作门窗和阳台图块

门窗和阳台的形式常常是建筑设计的亮点,几乎每个建筑立面的门窗和阳台的形式都有所不同。个性化的门窗和阳台设计应使用 WBLOCK 命令制作独立的图块并存入指定的目录,以便绘制立面图时方便调用。

3)画立面外形轮廓线

设置轴线图层 AXIS 为当前层,用 LINE 命令画出定位轴线和立面图的左右对称线(镜像操作之后对称线将被擦除)。

设置外墙轮廓层 WALL 为当前层,根据立面方案图和已完成的平面图,用 PLINE 命令画特粗的地坪线,用 LINE 命令画出对称立面图的左半部外形轮廓线。

设置轴线 AXIS 为当前层,用 LINE 命令和 OFFSET 命令画出窗块插入的基准线等(全部基准线用后将被擦除)。

上述操作完成后的图样如图 7.18 所示。

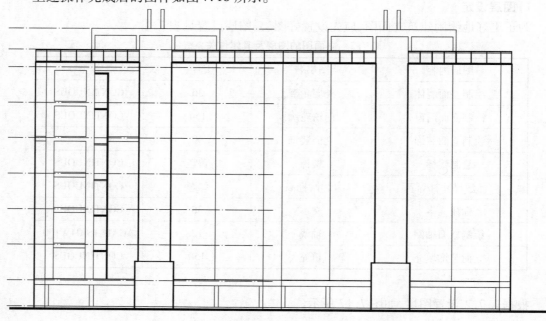

图 7.18　画立面外形轮廓线、窗块插入的基准线

4)插入窗块及阳台,画台阶和屋顶构架等建筑细部

设置 STAIR 为当前层,使用 LINE 和 ARRAY 等命令完成台阶绘制。

设置门窗层 D&W 为当前层,根据之前作出的窗块插入基准线,用 INSERT 命令依次插入已定义的窗块。插入阳台的图块,然后用 ERASE 命令擦除所有的基准线。接下来使用 LINE 等命令绘制出立面各种细部和其他所缺部分,必要时采用 TRIM 和 OFFSET 等命令编辑和修改图形。

对于有多层窗户且位置、形式完全一致的立面,可以先画出其中一层,然后使用 ARRAY 命令完成相同部分,以提高作图效率。上述操作完成后的图样如图 7.19 所示。

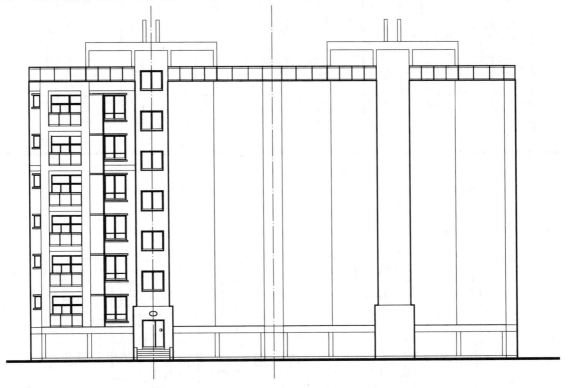

图 7.19 插入窗块、画建筑细部

5)作对称图形

使用 MIRROR 命令作出镜像对称图形,使用 ERASE 命令擦除对称轴线,如图 7.20 所示。

6)标注尺寸、标高、定位轴线、文字

此部分与建筑平面图操作类似,使用菜单提供的按钮或者 AutoCAD 2016 的命令都可以依次完成,先标注层高尺寸,再绘制楼层标高,最后标注定位轴线编号和标注文字说明,如图 7.21 所示。

图 7.20　作镜像对称图形

①-㉑立面图1:100

图 7.21　完成标注

7.4.2 填充图形并完善图纸

本例中墙面砖块图案及百叶需要使用 HATCH 命令填充完成。由于图案填充会自动显示出填充范围内的文字和尺寸等,因此填充工作常常放在文字标高等注写完毕之后再进行。同时,为了使填充的图线在出图时方便使用更细的线型以体现层次,设计者通常将图形填充单独设置一层,选用和其他各层不同的颜色。

输入 HATCH 命令后会出现对话框,在此对话框中选择填充的式样、范围、比例等。填充范围有两种选取方式:一种是选择需要填充部分的所有轮廓线;另一种是点取,点取时只需将鼠标左键在填充的范围内单击,系统会自动选择此点最靠内的一圈围合线作为填充范围,如果线条没有闭合则会报错。

填充完成,检查全图,插入配景车辆和图框,确认无误后即完成整张立面图的绘制,如图 7.22 所示。

图 7.22 完整的立面图

为使读者对建筑立面图的绘制有进一步的了解,下面给出建筑立面图的计算机绘制实例图,如图 7.23 至图 7.27 所示,读者可练习使用。

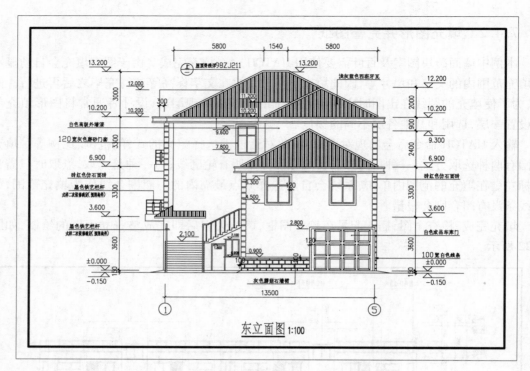

图 7.23　建筑立面图实例 1

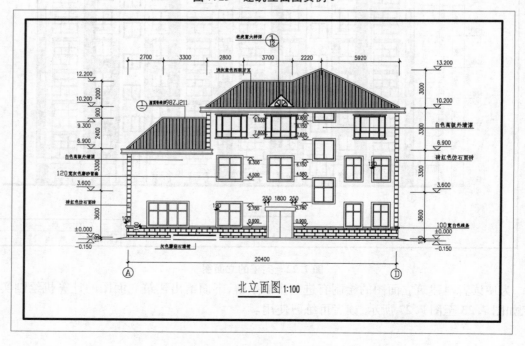

图 7.24　建筑立面图实例 2

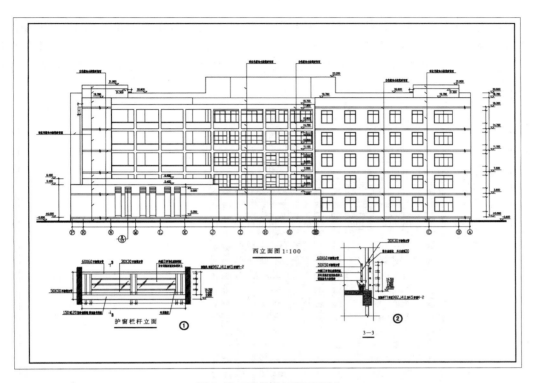

图 7.25　建筑立面图实例 3

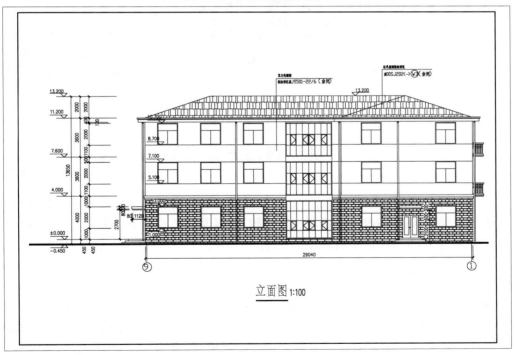

图 7.26　建筑立面图实例 4

建筑立面图的绘制有很多技巧。例如,图7.27所示的建筑立面图是一幢18层的小高层建筑,在绘制立面图时,可以先画一层的立面,然后复制,这样既快速又准确;如果建筑的标准层少,还可以用"矩形阵列复制"的方法来复制绘图,只要把每层的层高和间距设置好,一次就可以复制很多层。

图7.27　建筑立面图实例5

7.5　建筑剖面图绘制实例

建筑剖面图主要表现建筑物内部的建筑构造与构件。建筑物内部一些在建筑平面上不能表达清楚的地方,如某些房间的错层和楼梯构造,以及某些在建筑立面上没有表达清楚的层高尺寸和标高,都可以在建筑剖面图上表达。

7.5.1　剖面图绘制

建筑剖面图的绘制是根据建筑平面图上的剖面标识,并结合立面图上的层高来进行的,因此要分析建筑平面图和建筑立面图。绘制建筑剖面图要用到多种绘图命令和图形编辑命令,以及尺寸标注命令。在设计中要计算好楼梯的踏步和楼梯的水平投影长度,以便确定相应的建筑尺寸。

在计算机绘制剖面图时,一般先画辅助线,再画剖面主体,并依次画相应的可见物,标注相关的尺寸、楼层标高等。

【例7.2】已有某建筑工程的平面图和立面图如图 7.28 和图 7.29 所示,请绘制 1—1 剖面图。

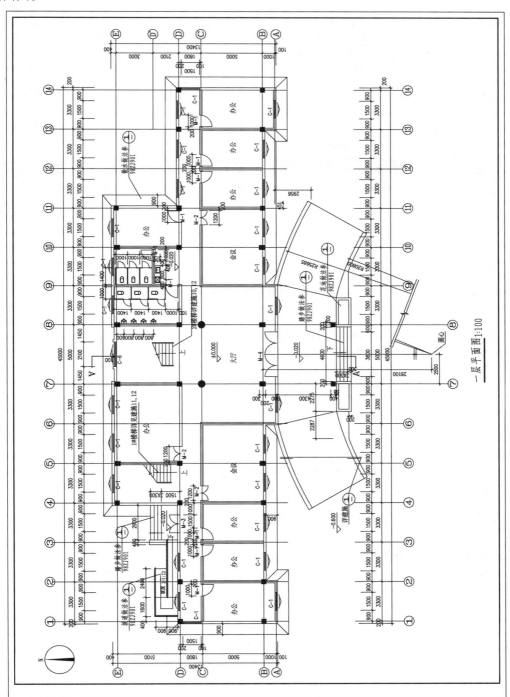

图7.28　一层办公楼平面图

一层平面图 1:100

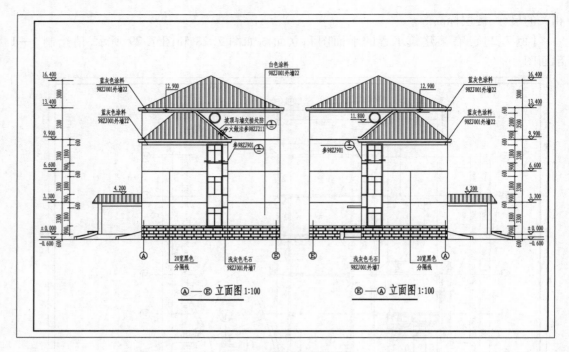

图 7.29　四层办公楼立面图

用分解的方法绘制 1—1 剖面图,其操作步骤如下:

①用直线命令绘制 1—1 剖面图的辅助线。

②用相应的绘图命令绘制 1—1 剖面图的主体。

③用相应的绘图命令绘制楼梯。

④用相应的绘图命令绘制可见物。

⑤用标注命令标注说明和标高。

⑥用标注命令标注层高尺寸和楼面标高。

绘制的图形如图 7.30 所示。

用分解的方法绘制 2#楼梯的剖面图,其操作步骤如下:

①用直线命令绘制 2#楼梯剖面图的辅助线。

②用相应的绘图命令绘制 2#楼梯剖面图的主体。

③用相应的绘图命令绘制楼梯。

④用标注命令标注说明、图名和标高。

⑤用标注命令标注层高尺寸和楼面标高。

绘制的图形如图 7.31 所示。

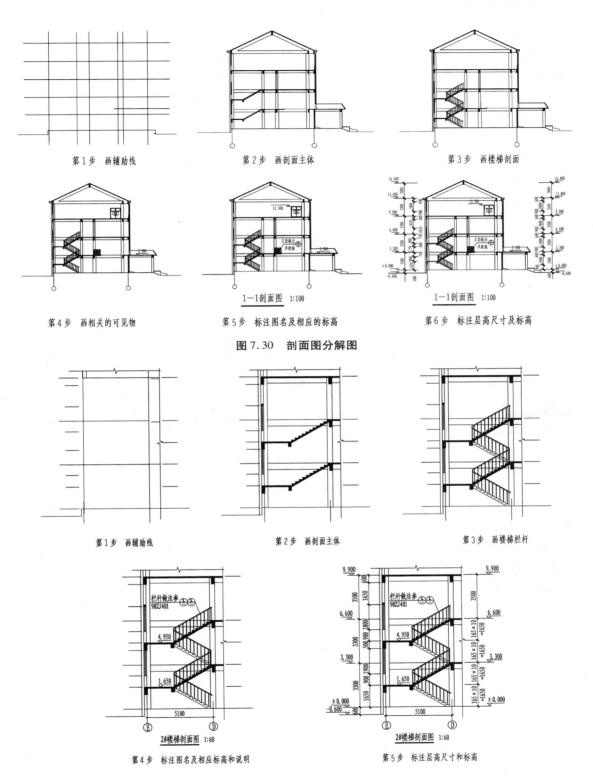

第1步 画辅助线　　　　　　第2步 画剖面主体　　　　　　第3步 画楼梯剖面

第4步 画相关的可见物　　　第5步 标注图名及相应的标高　　第6步 标注层高尺寸及标高

图 7.30　剖面图分解图

第1步 画辅助线　　　　　　第2步 画剖面主体　　　　　　第3步 画楼梯栏杆

第4步 标注图名及相应标高和说明　　　　第5步 标注层高尺寸和标高

图 7.31　楼梯剖面图分解图

在剖面图的绘制过程中,被剖到的构件可以涂黑,也可以不涂黑。涂黑主要是为了强调被剖到的构件,同时使图面美观。剖面图中要表现建筑构件的相互关系,柱、梁、门、窗、楼梯等构件要表达清楚,楼层尺寸和相应的标高要标注准确。特别是楼梯剖面,踏步宽、踏步高的尺寸要准确,楼梯的水平投影长度要标注清楚,以便于今后的结构计算。

7.5.2 插入配景

剖面图中插入建筑配景,是为了加强剖面图的表达,反映建筑物周边的关系。在一般情况下,如建筑物的体量很大,不一定要插入建筑配景;对于小型建筑,特别是别墅设计,在剖面图中插入建筑配景可以增强表现力。例如,给【例7.2】中的剖面图插入建筑配景,如图7.32所示。

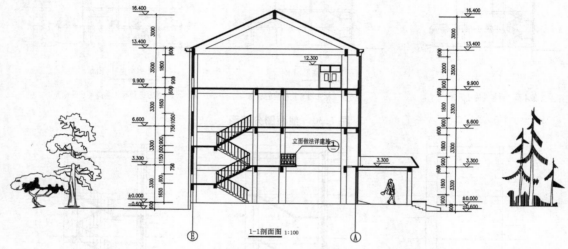

图 7.32　插入建筑配景

为使读者理解和体会建筑剖面图的绘制,给出建筑剖面图实例(图7.33),供读者练习使用。

建筑剖面图的绘制要掌握一定的技巧和方法,例如有一小型商场,一层是开放式车库,商场是大空间大柱网,剖面图要反映出被剖到的梁、板构件。没有剖到但可以看见的汽车都要在剖面图上反映出来,如图7.34、图7.35所示。

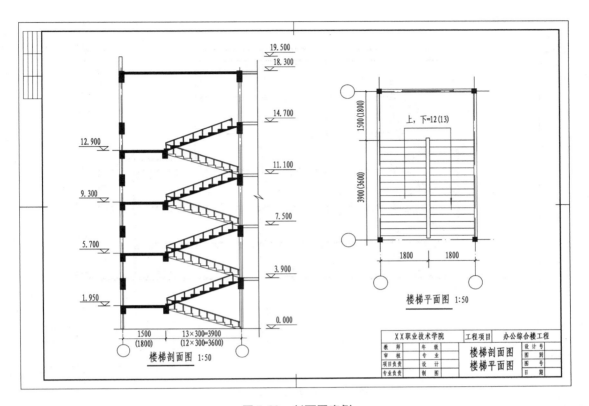

图 7.33 剖面图实例

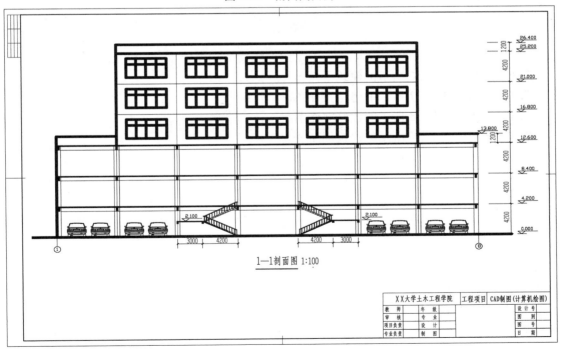

图 7.34 建筑剖面图例图 1

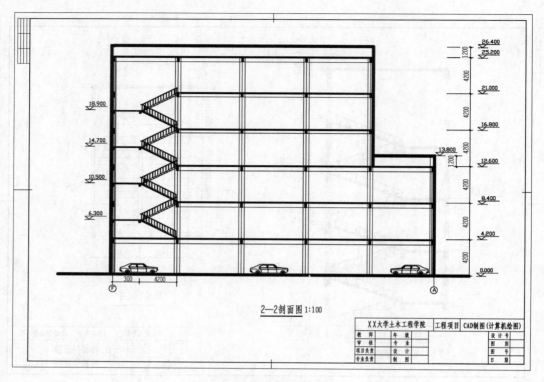

2—2剖面图1:100

XX大学土木工程学院		工程项目	CAD制图(计算机绘图)
教 师	年 级	设 计 号	
审 核	专 业	图 别	
项目负责	设 计	图 号	
专业负责	制 图	日 期	

图 7.35   建筑剖面图例图 2

实训 7

7.1   绘制如图 7.36 所示的建筑平面图。

7.2   绘制如图 7.37 所示的建筑大样图。

7.3   绘制如图 7.38 所示的建筑立面图。

7.4   绘制如图 7.39 所示的建筑剖面图。

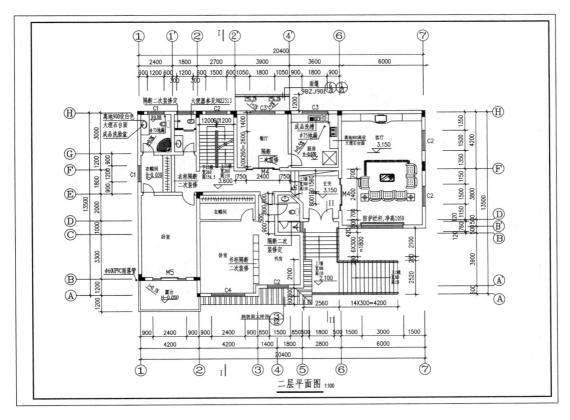

二层平面图 1:100

图 7.36 建筑平面图

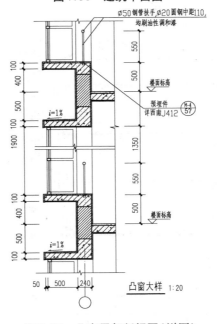

图 7.37 凸窗局部剖视图(详图)

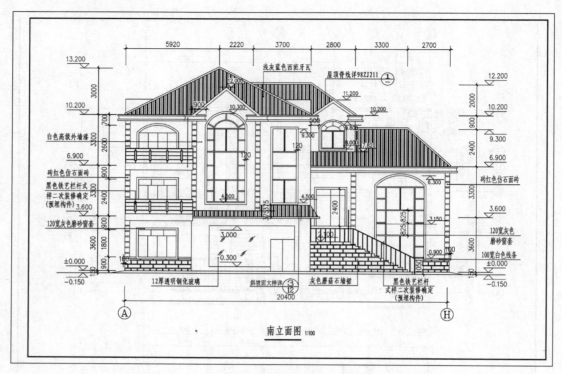

图 7.38 建筑立面图

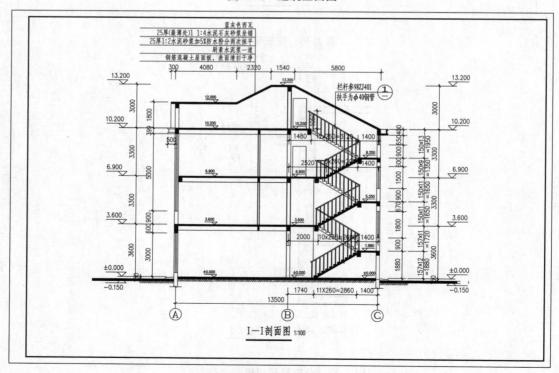

图 7.39 建筑剖面图

任务8 结构施工图绘制实例

结构施工图是用于建筑结构施工的文件,它既可用于施工,又可用于工程造价的概预算。一套完整的结构施工图包括:结构设计总说明,基础、柱、梁、墙、楼板和楼梯施工图。需要说明的是,绘制结构施工图前需要进行结构计算和强度(配筋)计算,有关结构计算和设计的知识在这里不进行讨论。本任务介绍建筑结构施工图的计算机绘制方法,使读者充分掌握绘制结构施工图的基本技能和绘图技巧。

8.1 结构设计总说明

结构设计总说明是结构施工图中的一张纲领性图纸,通常作为结构施工图的首页。其内容包括下述几个部分。

1)设计依据

①设计采用的现行国家结构设计规范及相关的其他地方规范;

②设计采用的现行行业标准、地方标准;

③设计要求,包括设计使用年限、建筑结构的安全等级、建筑结构耐火等级等。

2)结构抗震设防

①建筑物设防类别;

②建筑物所在地的基本设防烈度;

③本工程设防烈度;

④框架梁、柱、剪力墙抗震等级;

⑤场地土类别;

⑥设计基本地震加速度值。

3)设计活荷载标准值

①设计活荷载标准值;

②风、雪荷载标准值;

③施工荷载标准值。

4)主要结构材料

①各结构构件采用的混凝土强度等级,如有抗渗要求应注明混凝土抗渗等级;

②砌体结构中的砌块材料类别及其强度等级,砌筑砂浆的类别及其强度等级;

③各结构构件采用的钢筋及其强度等级;

④钢结构构件的材料类别及其强度等级。

5)基础

基础说明可以放在基础施工图中,也可以放在总说明中。其主要内容如下:

①房屋 0.000 标高的绝对高程;

②基础形式;

③注明地质勘查单位及勘探报告的名称;

④持力层的选择;

⑤基础构造要求;

⑥基础材料;

⑦防潮层的做法;

⑧设备基础的做法。

6)钢筋混凝土构件的构造要求

①受力钢筋的混凝土净保护层厚度;

②钢筋锚固要求及钢筋锚固长度选用表;

③钢筋接头:接头形式及要求、钢筋搭接长度选用表、接头位置及数量;

④现浇板构造要求;

⑤梁构造要求;

⑥柱构造要求;

⑦墙构造要求;

⑧圈梁、构造柱构造要求。

7)非结构构件构造要求

①框架填充墙构造要求;

②女儿墙构造要求。

8)特殊说明

①外加剂的使用要求;

②新材料、新工艺、新技术的要求。

9)采用的标准图

以表格形式列出本施工图中采用的标准图的图集名称及编号。

10)遗留问题

①施工图遗留的问题;

②需要在施工阶段逐项解决的问题。

【例 8.1】绘制某工程的结构设计总说明。

操作步骤:

①调入 1#图框文件(打开 1#图框);

②用文本标注命令写说明;

③绘制要说明的结构大样图例;

④用图块插入命令插入标题栏;

⑤在标题栏中写图名。

完成的图纸如图 8.1 所示。

结 构 设 计 总 说 明

一、本工程结构设计的主要依据：
1) 《建筑结构可靠度设计统一标准》GB 50068—2001；
2) 《建筑结构荷载规范》GB 50009—2012；
3) 《钢结构设计规范》GB 50003—2011；
4) 《建筑地基基础设计规范》GB 50010—2010(2015年版)；
5) 《混凝土结构设计规范》GB 50007—2011；
6) 《建筑抗震设计规范》GB 50011—2010(2016年版)；
7) 《全国民用建筑工程设计技术措施(2016年版)》。
8) 《建筑工程设计文件编制深度规定(2016版)》。

二、本工程设计±0.000标高所对应的绝对标高为9.300。

三、工程图纸中标高的单位为米，尺寸的单位为毫米。

四、本工程结构的安全等级为二级，设计使用年限50年。

五、建筑场地地基为II类，抗震设防烈度为七度(地震加速度为0.10g，第一组)。

六、钢筋混凝土结构的抗震等级为二级。

七、人防地下室的抗力等级为六级。

八、结构工程材料：
本工程基础设计根据X市建筑工程的地质勘察报告03-251，取±0.000以下为一号土，基础工程为地下II号土为抗力土，以±0.000以上采用KP1,一号土不采用MU10承重黏土砖，M10水泥砂浆砌筑，±0.000以上采用MU7.5混合砂浆。
混凝土：C25；柱层：C10灰混凝土。混凝土保护层，板20、梁30、柱30，基础40。
钢筋混凝土：Φ——HPB300级钢筋；Φ——HRB400级钢筋
承重墙分：
混凝土：C20；柱层：C10灰混凝土。混凝土保护层，板20、梁30、柱30，基础40。
钢筋混凝土：Φ——HPB300级钢筋；Φ——HRB400级钢筋

九、所采用的标准构件图集：
1)混凝土结构施工图平面整体表示方法制图规则和构造详图选用16G101—1图集《混凝土结构施工图平面整体表示方法制图规则和构造详图》选用16G101—1图集；
2)建筑物连接详图11G329—3图集。
3)现浇空心板详图选用G9401图集、
4)《钢结构构件》046612。

十、设计荷载表列

表一

荷载类别	活荷载标准值(kN·m²)	活荷载标准值(kN·m²)	活荷载标准值(kN·m²)
风荷载	0.4		
雪荷载	0.35		
屋面	2.0	2.0	2.5
卫生间		2.5	2.5
会议室			
办公室			

十一、结构构造：

〈一〉现浇钢筋混凝土板
1)双向板或并形板跨的板底钢筋：短向筋布在下，长向筋布在上。
2)各板内钢筋搭接在跨中或支座处，须采用设置钢筋网格式，伸入支座应锚固。
3)板面负筋搭接入板中不小于10d且不小于120。
4)跨度大于4m的板，模板起拱高度不大于1/400。
5)跨度大于300时，钢筋要不切断，锚固设计42d。
6)板口预留留口：洞口尺寸≤300时洞口加设，洞边设加强筋；洞口尺寸≤800时洞边加强配2Φ14钢筋加强筋；如洞尺寸为200×300，洞口按设计详图为准。

〈二〉梁
7)钢筋墙图长度：HPB300级钢筋32d,HPB400级钢筋42d。
8)梁内上预筋插入混凝土墙内锚固钢长度为40d。
9)跨度≥4m的板，要求支模梁中起拱1/400。
10)梁内主梁支座处时，底梁插入支座中心。

〈三〉柱
1)框架柱主梁相互次梁构造见16G101—1图集。
2)次梁支梁挑梁，未标注为中间梁，位置搭接扣架梁，且梁端加设减震筋。
3)次梁支点处，主梁中设附加横向筋及吊筋，详16G101—1图集。
4)对于悬挑梁≥4m的悬臂梁，支模时梁内起拱，支座梁端按梁的要求起拱。
5)梁上筋布置宜采在100×100，负筋Φ6@150负筋Φ10中设支筋。

〈四〉墙工程
1)柱上施工时应准布置柱点混凝土强度达到混凝土强度等级下再相同。
2)桩施工据工为中点及附加的地梁相应点，见右图。
3)凡与桩有关的挑柱，应增补商高500及附加项设项放墙，详G9202图集第12页。

〈五〉墙
1)凡儿墙结构筋同支，保柱点注明达到混凝土强度等级时，柱末尾应增设钢筋。柱截面240×240、Φ6@200箍筋。
2)砖墙构造柱，要求每层设于柱点处有竖向钢筋，应主墙钢筋，Φ6@200箍筋。
3)砖墙交角，上层柱于角处有竖向钢筋设4Φ14，角面内位置设钢筋柱，柱截面240×240，截配墙处设构造柱240×240,4Φ14，截面尺寸见详具体大基图。
4)儿墙(包括结构筋于大墙同与角处每处3000以处柱设为Φ6@200，当采用4Φ10、Φ6@200箍筋，上压面4Φ14、Φ6@200箍筋。

〈五〉施工要求及注意事项
1)柱于等处较大体浇筑混凝土的浇捣及养水化热等有影响时。
2)柱与梁柱交(柱点核心区)的混凝土浇捣时点在施工，应用人工辅助下点，当浇筑梁柱等复核较些，使底振墙有图样时。
3)楼板涨必须待混凝土强度达到100%设计强度后，正常专门油保护层底模使用，并确好验收工养施基数验。
4)钢脚墙，水泥涨于出厂证明外，正常专门油及隐蔽工程应数验。
5)预置工养，柱点浇注柱处有关规定布置。
6)未尽事项须严格遵照国家有关规范确实。
7)若总说明中与详图中内容不相同时，以详图为准。

〈六〉其他
1)凡本结构施工图应与建筑、电气、给排水、通风、空调等动力等专业的施工图密切配合，开补墙留专供设有类管及洞处位置，确认准确后，方可施工。
2)梁穿墙穿洞处的混凝土梁板、均需留筋洞。
3)凡下面有管穿留梁柱的预留吊钩，详见注明有关建筑图。
4)楼梯栏杆须见有关详细工程的要求起筑。
5)楼应开挖时来有需要有数的支护措及排水等有关措。

表二

	截面	截面	主筋
墙一	120×□	120×□	2Φ8
墙二	120×□	120×□	2Φ8

表三

净跨	跨长	截面	主筋(受力分布筋)
<900	净跨+500	120×□	2Φ6@200
1000	1250/1500	120×□	Φ6@200
1200	1450/1700	120×□	Φ6@200
1500	1750/2000	120×□	2Φ10
1800	2050/2300	180×□	3Φ10
2100	2250/2600	180×□	3Φ10

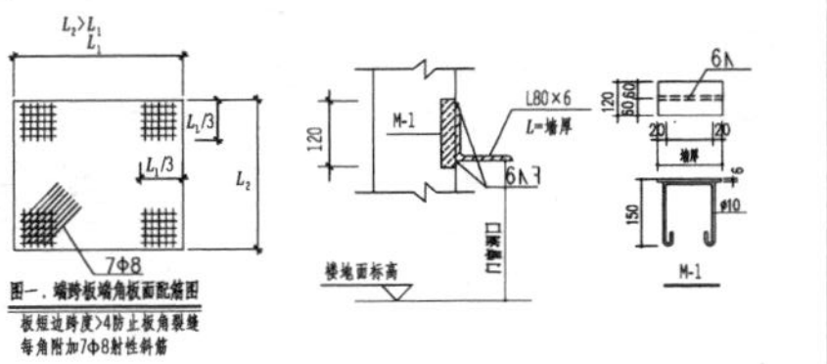

图8.1 结构设计总说明

工程项目	建筑工程CAD制图	设计号	
XX职业技术学院	结构设计总说明	图别	
专业		图号	
结构		日期	

195

8.2 基础施工图的绘制

建筑结构的基础,应根据当地地质勘探报告中地基承载力特征值进行设计。常用的基础形式有独立基础、桩基础、片筏基础和箱形基础。基础施工图主要有基础平面布置图和基础结构大样图。

8.2.1 独立基础和条形基础的绘制

独立基础一般是指柱下独立基础,它用于单独的柱;条形基础用于独立的墙。

【例8.2】柱下独立基础平面图的绘制。

经过结构内力计算和强度计算再绘制基础平面布置图,其操作步骤如下:

①绘制轴线,标注平面尺寸,再绘制地基梁、柱构件。选用适当的线型,用直线命令和偏移复制命令绘制轴线;用多线和矩形命令绘制地基梁和柱构件,如图8.2所示。

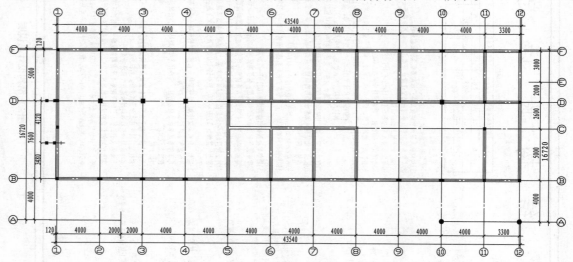

图8.2 基础平面轴线图

②绘制柱下独立基础和地基梁下条形基础平面图,如图8.3所示。

③标注各基础构件的名称,如图8.4所示。

④插入图框和标题栏。用图块插入命令插入图框和标题栏,在图框中补充绘制地基梁和柱构件的截面配筋图,如图8.5所示。

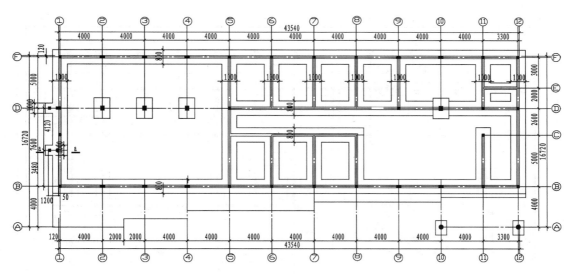

图 8.3 基础平面布置图

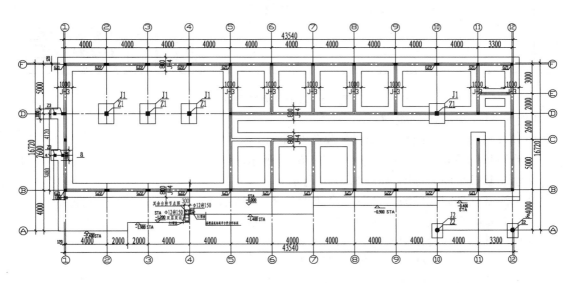

基础平面布置图
±0.000 相当于地质勘探报告 9.3000
基础埋深 2.400~1.300 m

图 8.4 基础平面构件标注图

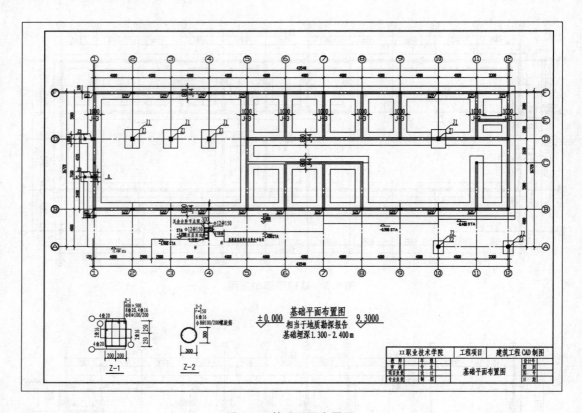

图 8.5　基础平面布置图

【例 8.3】绘制基础平面大样图。

用分解画法绘制基础平面大样图,操作步骤如下:

①绘制基础平面大样图的轴线,如图 8.6(a)所示。

②绘制基础平面大样图,如图 8.6(b)所示。

③标注基础平面大样图的平面尺寸,如图 8.6(c)所示。

④绘制基础平面大样图的钢筋,如图 8.6(d)所示。

⑤标注基础平面大样图的钢筋,如图 8.6(e)所示。

⑥标注基础平面大样图的图名,如图 8.6(f)所示。

【例 8.4】绘制基础剖面图。

用分解画法绘制基础剖面图,操作步骤如下:

①绘制基础剖面和轴线,如图 8.7(a)所示。

②标注基础剖面图的尺寸,如图 8.7(b)所示。

③绘制基础剖面图钢筋和柱的插筋,如图 8.7(c)所示。

④绘制基础剖面图钢筋的指引线,如图 8.7(d)所示。

⑤标注基础剖面图的钢筋,如图 8.7(e)所示。

⑥标注基础剖面图的图名,如图 8.7(f)所示。

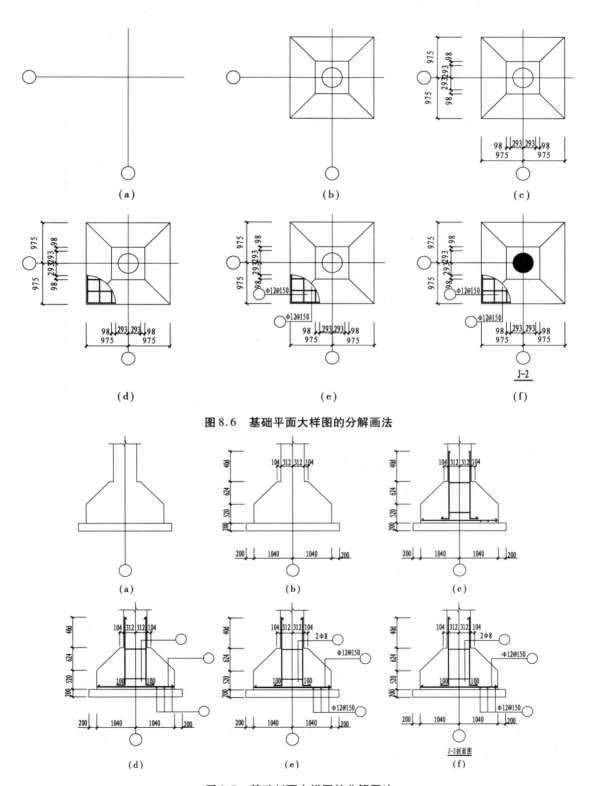

图 8.6 基础平面大样图的分解画法

图 8.7 基础剖面大样图的分解画法

用相同的方法绘制其他尺寸的基础大样图,再插入图框和标题栏,形成完整的基础大样施工图,如图8.8所示。

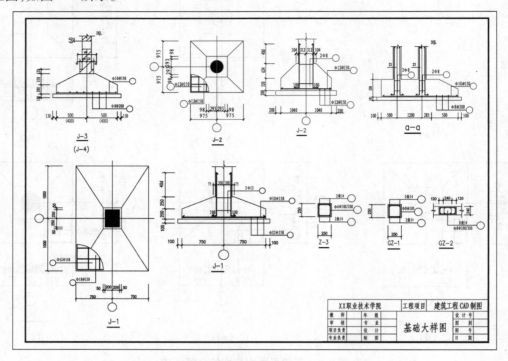

图8.8 基础大样施工图

8.2.2 人工挖孔桩基础的绘制

人工挖孔桩是一种常用的基础形式,特别是山地建筑的结构设计多采用人工挖孔桩基础。人工挖孔桩基础施工图主要有桩的平面布置图和桩的大样图。

【例8.5】绘制桩基础平面布置图。

用分解画法绘制桩基础平面布置图,操作步骤如下:

①绘制桩基础平面布置图的轴线,标注平面尺寸,如图8.9所示。

②绘制地基梁和柱的平面布置图,如图8.10所示。

③标注柱和地基梁构件名称,如图8.11所示。

④绘制桩的平面布置图,标注桩名和编号。用绘制圆的命令绘制每根柱下的桩基础平面图,并在相同的桩处标注桩名及其编号,如图8.12所示。

⑤插入标题栏,标注图名和标高,如图8.13所示。

【例8.6】绘制桩基础的基础大样图。

用分解画法绘制桩基础大样图,操作步骤如下:

①绘制桩基础的桩身大样图:绘制桩身和标注尺寸,如图8.14(a)所示;绘制桩的钢筋,如图8.14(b)所示;标注桩的钢筋,如图8.14(c)所示;标注桩的图名,如图8.14(d)所示。

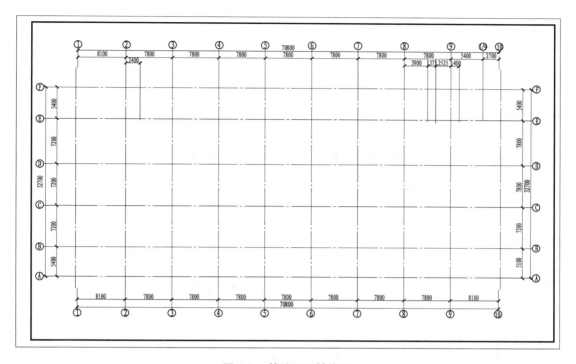

图8.9 基础平面轴线图

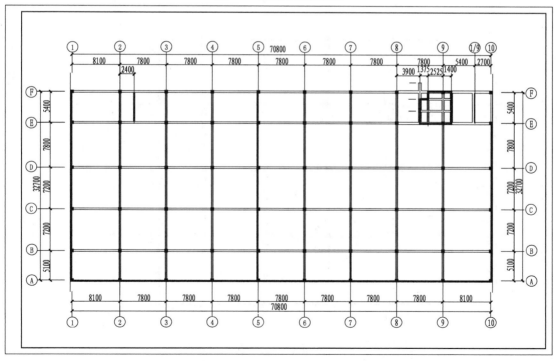

图8.10 地基梁和柱平面布置图

②绘制桩的桩护壁和桩截面大样图:绘制桩护壁的剖面图,如图8.15(a)所示;标注桩护

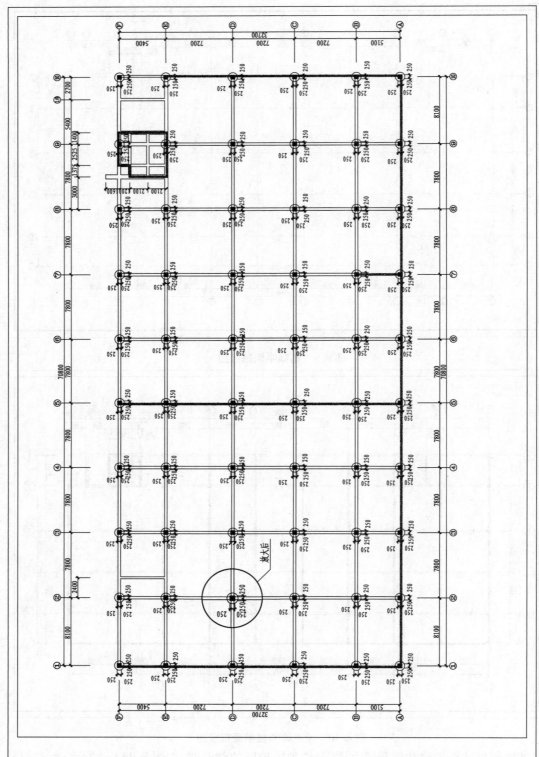

图 8.11　标注地基梁和柱构件名称图

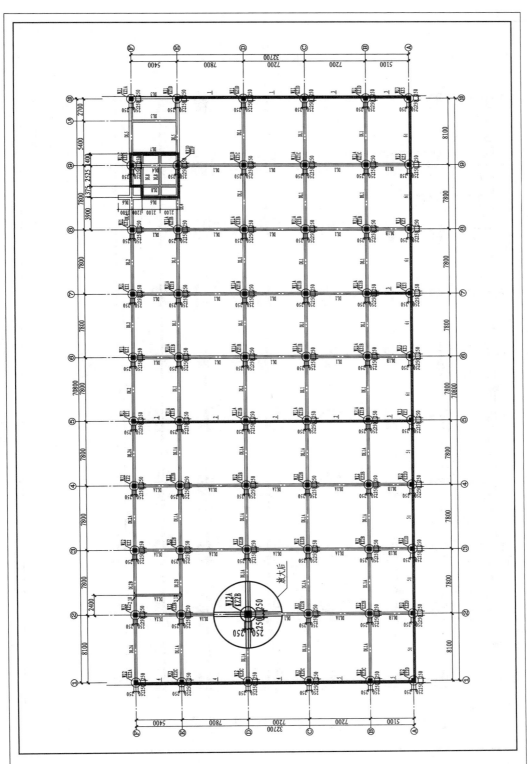

图 8.12　桩平面布置图

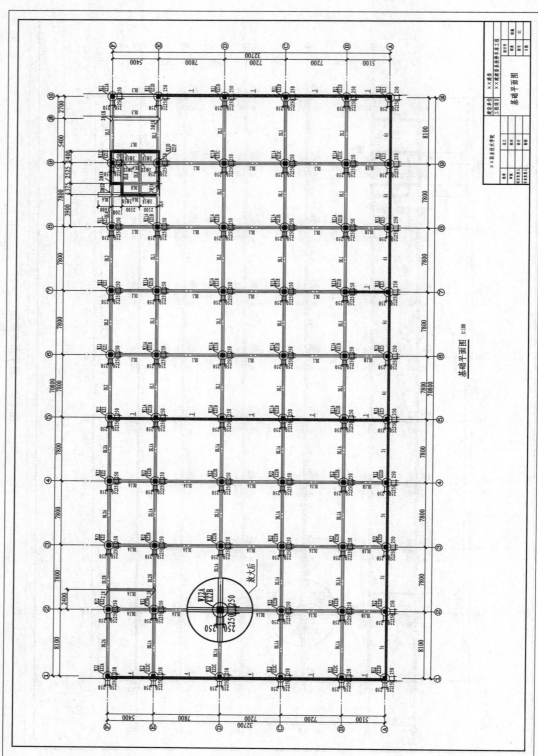

基础平面图 1:100

图 8.13　完整的桩平面布置图

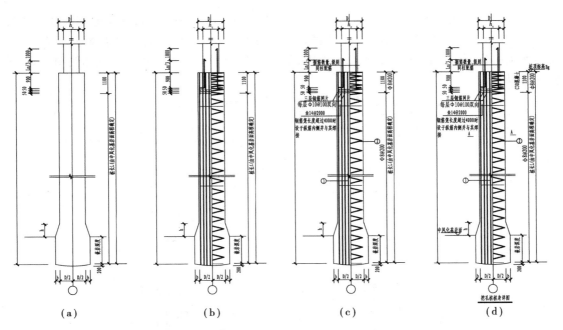

图8.14 桩身大样图

壁的尺寸,如图8.15(b)所示;绘制桩护壁的钢筋,如图8.15(c)所示;标注桩护壁的钢筋和图名,如图9.15(d)所示;绘制桩护壁平面并标注尺寸,如图8.15(e)所示;绘制桩护壁平面钢筋并标注钢筋,如图8.15(f)所示;绘制桩身截面和标注尺寸,如图8.15(g)所示;绘制桩身截面钢筋并标注钢筋,如图8.15(h)所示。

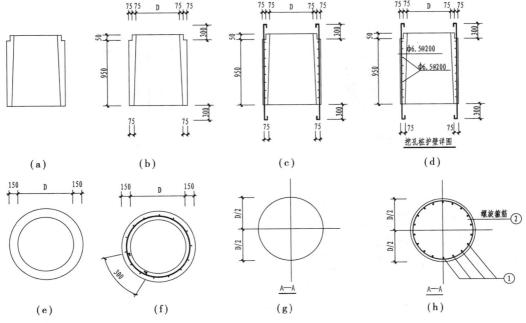

图8.15 桩护壁和桩截面大样图

③绘制地基梁截面大样图:绘制地基梁截面图,如图8.16(a)所示;标注地基梁截面的尺寸,如图8.16(b)所示;绘制地基梁截面的钢筋,如图8.16(c)所示;标注地基梁截面的钢筋,如图8.16(d)所示;填充地基梁的垫层图案,如图8.16(e)所示;标注地基梁截面的图名,如图8.16(f)所示。

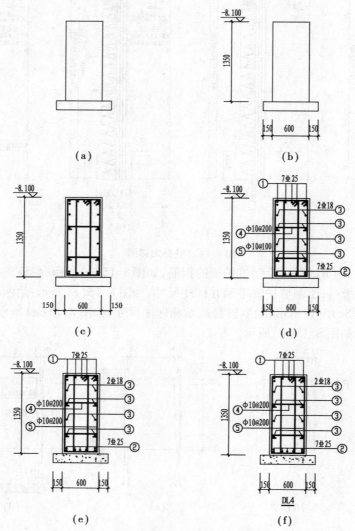

图8.16 地基梁截面大样图

④用③的方法绘制其他地基梁截面大样图。

⑤绘制桩配筋表,标注基础图的说明。

⑥插入图框和标题栏,标注基础图的图名。

最后完成的基础大样图如图8.17所示。

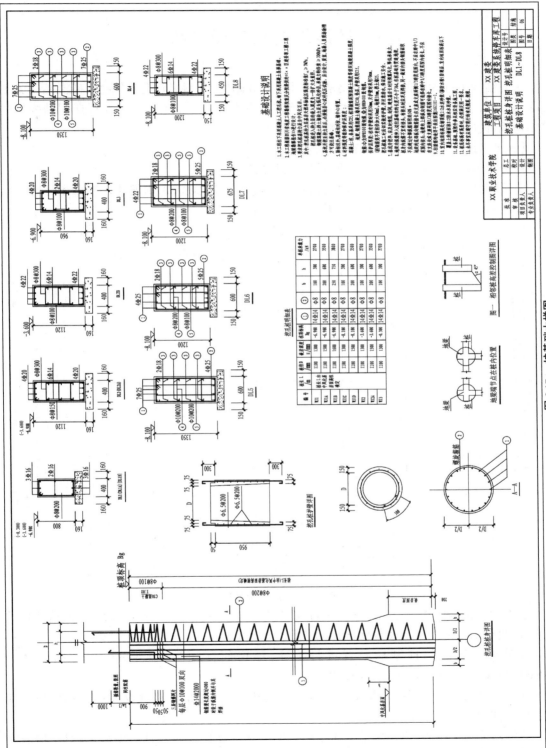

图 8.17　桩基础大样图

8.3 砖混结构施工图的绘制

砖混结构也称为砌体结构,主要是用砌体(砖和砌块)材料来建造建筑物。砖混结构施工图除基础外,主要有结构平面图和圈梁、构造柱节点大样图。下面以一幢5层砖混结构的建筑物为例,说明其施工图的计算机绘制方法。

【例8.7】绘制砖混结构平面布置图。

用分解画法绘制砖混结构一层平面布置图,操作步骤如下:

①绘制结构轴线(本例同建筑轴线),选用点画线绘制轴线,采用偏移复制命令、圆命令、尺寸标注命令绘制轴网和标注尺寸,如图8.18所示。

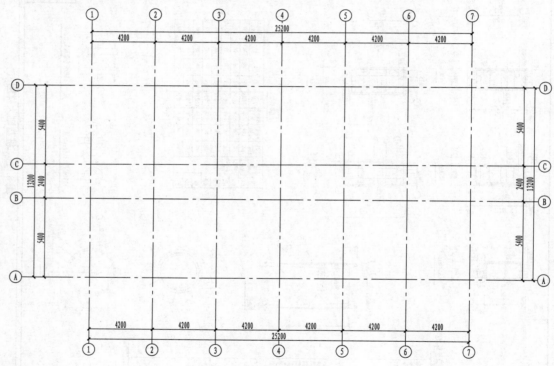

图8.18 结构轴网图

②绘制结构墙体和构造柱。采用平行线(加粗)命令绘制墙线,用矩形命令绘制构造柱并填充,用直线命令绘制平面楼梯间洞口,如图8.19所示。

③对每个房间的预制板布置进行标注,如房间标注为9YKB4200-4,走廊标注为4YKB4200-4。完成后的图形如图8.20所示。

④绘制圈梁平面布置图。用TRACE命令绘制圈梁平面布置图,用文本标注命令标注圈梁名称,如图8.21所示。

⑤为图形写上图名,用图块插入命令插入图框和标题栏,调整图面,填写标题栏,形成完整的施工图,如图8.22所示。

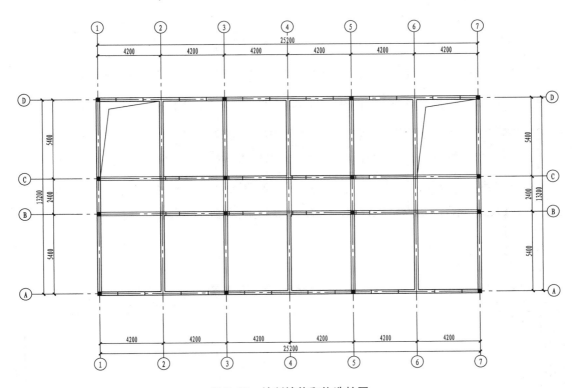

图 8.19 绘制墙体和构造柱图

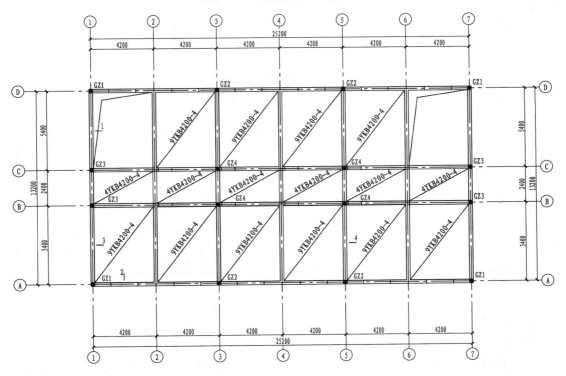

图 8.20 预制板标注图

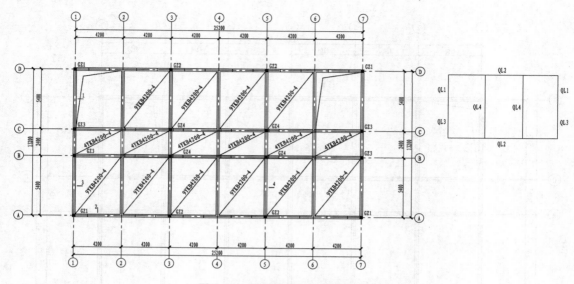

图 8.21　预制板标注和圈梁布置图

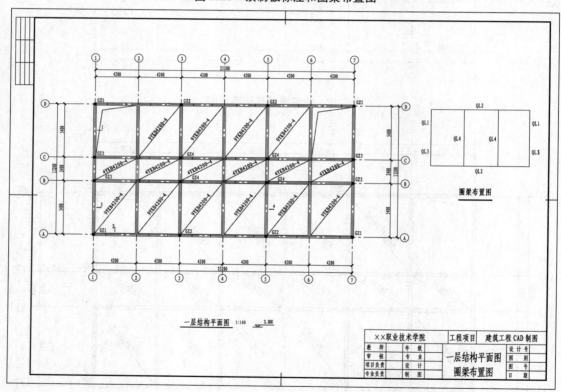

图 8.22　砖混结构平面施工图

【例 8.8】绘制砖混结构构造柱、圈梁节点大样图。

用分解画法绘制砖混结构一层平面的构造柱、圈梁节点大样图,操作步骤如下:

①绘制构造柱节点大样图(以一个构造柱节点和圈梁截面为例):绘制构造柱截面图和标

注尺寸,如图8.23(a)所示;绘制构造柱截面的钢筋,如图8.23(b)所示;标注构造柱截面的钢筋,如图8.23(c)所示;标注构造柱截面的说明和图名,如图8.23(d)所示;绘制圈梁截面的平面图和标注尺寸,如图8.23(e)所示;绘制圈梁截面的钢筋,如图8.23(f)所示;标注圈梁截面的钢筋,如图8.23(g)所示;标注圈梁截面的图名,如图8.23(h)所示。

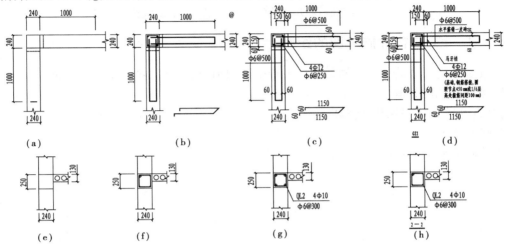

图8.23 砖混结构节点绘制图

②用相同方法绘制其他构造柱和圈梁的节点大样图。

③用图块插入命令插入图框和标题栏。调整图面,填写标题栏,形成完整的施工图,如图8.24所示。

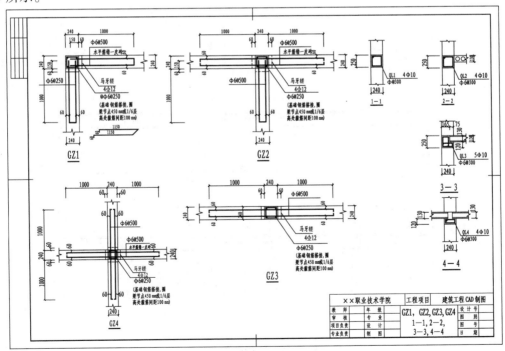

图8.24 砖混结构节点大样施工图

8.4 框架结构施工图的绘制

下面以一幢五层办公大楼为例说明框架结构施工图的计算机绘制方法。

8.4.1 梁、柱构件施工图的绘制

设五层办公大楼的某一榀框架已经进行了结构和配筋计算,并已经配好钢筋。

1)梁构件图的绘制

【例8.9】绘制框架结构梁构件施工图。

其操作步骤如下:

①绘制梁的立面几何图形,如图8.25(a)所示。

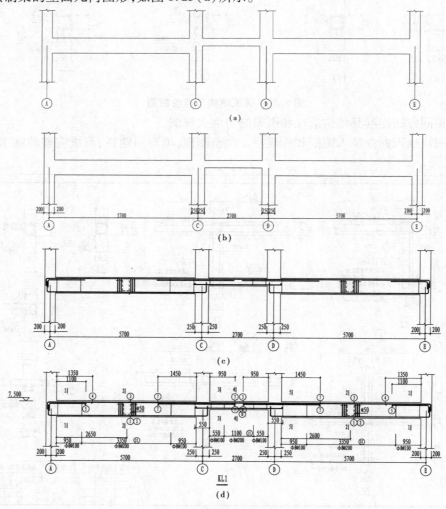

图8.25 梁构件图画法

②标注构件的几何尺寸,如图8.25(b)所示。

③绘制梁构件的钢筋,绘制时注意正弯矩钢筋和负弯矩钢筋,同时要把钢筋伸入柱内,尽量达到施工图的深度,如图8.25(c)所示。

④标注梁构件的钢筋,注意首先标注钢筋,再标注次梁箍筋加密和平面长度尺寸,如图8.25(d)所示。

⑤第二根梁构件用以上相同方法绘制。

⑥绘制钢筋表,先绘制表格,如图8.26(a)所示。

⑦绘制钢筋表的钢筋简图,如图8.26(b)所示。

⑧标注钢筋表中钢筋简图的尺寸,如图8.26(c)所示。

⑨标注钢筋表中钢筋的长度、根数及质量,如图8.26(d)所示。

KL1 梁钢筋表

编号	钢筋简图	规格	长度	根数	质量
①					
②					
③					
④					
⑤					
⑥					
⑦					
⑫					
⑬					
⑭					
⑮					
总重					

(a)

KL1 梁钢筋表

编号	钢筋简图	规格	长度	根数	质量
①					
②					
③					
④					
⑤					
⑥					
⑦					
⑫					
⑬					
⑭					
⑮					
总重					

(b)

KL1 梁钢筋表

编号	钢筋简图	规格	长度	根数	质量
①	380 6010 380				
②	380 6010 380				
③	270 14440 270				
④	270 1720				
⑤	270 1470				
⑥	3300				
⑦	2900				
⑫	190 510				
⑬	5670				
⑭	200				
⑮	190 210				
总重					

(c)

KL1 梁钢筋表

编号	钢筋简图	规格	长度	根数	质量
①	380 6010 380	Φ25	6770	4	104
②	380 6010 380	Φ22	6770	2	40
③	270 14440 270	Φ18	14980	2	60
④	270 1720	Φ16	1990	2	6
⑤	270 1470	Φ16	1740	4	11
⑥	3300	Φ16	3300	3	16
⑦	2900	Φ18	2900	6	35
⑫	190 510	Φ8	1640	78	50
⑬	5670	Φ14	5670	4	27
⑭	200	Φ8	300	28	3
⑮	190 210	Φ8	1040	16	7
总重					360

(d)

图8.26 梁构件钢筋表

⑩用绘制地基梁截面图的方法绘制梁的截面图。

⑪插入图框、标题栏,标注梁构件的标高,填写标题栏,形成完整的施工图,如图8.27所示。

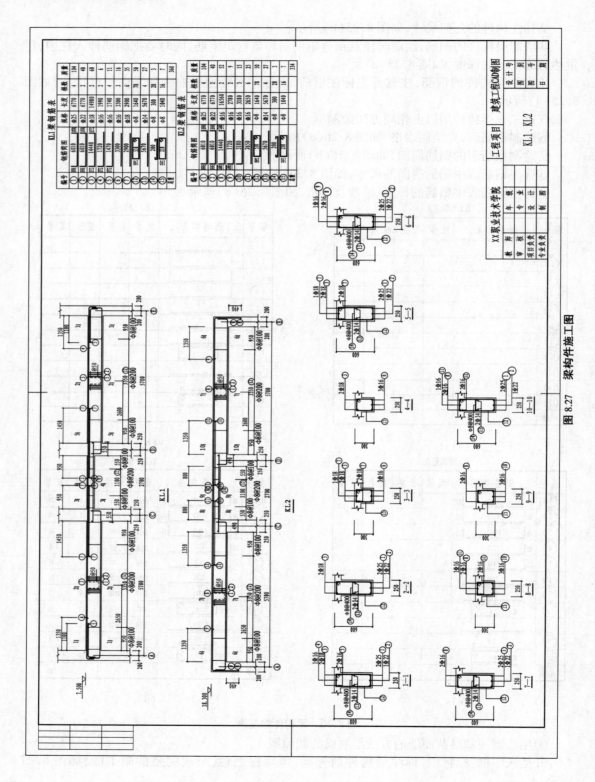

图 8.27 梁构件施工图

2）柱构件图的绘制

【例8.10】绘制框架结构柱构件施工图。

其操作步骤如下：

①绘制柱的立面图，标注柱构件的几何尺寸和标高，如图8.28(a)所示。

②绘制柱构件的纵向钢筋，如图8.28(b)所示。

③标注柱构件的钢筋，如图8.28(c)所示。

④标注柱表（柱的箍筋），注意箍筋加密和加密区长度尺寸，如图8.28(d)所示。

⑤标注柱构件的图名，如图8.28(e)所示。

⑥第2根柱构件用以上相同方法绘制。

⑦用绘制梁钢筋表的方法绘制柱钢筋表。

⑧用绘制地基梁截面图的方法绘制柱的截面图。

⑨插入图框、标题栏，填写标题栏，形成完整的施工图，如图8.29所示。

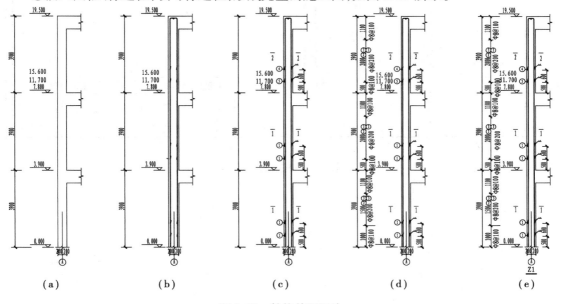

图8.28　柱构件图画法

8.4.2　柱平法施工图的绘制

现在的结构施工图大多采用平法施工图，用国家建筑标准设计图集16G101来完成对结构的构造处理。柱平法施工图有柱平面大样图和柱剖面列表施工图两种。柱平面大样图按结构标准层来画，有多层；由于已经有平面信息和截面信息，所以不需要柱的平面布置图；柱剖面列表施工图可以表达工程所有的柱构件，只需有一张柱的平面布置图就可以了，故现在柱平法施工图多采用此种方法。

【例8.11】绘制框架结构柱构件剖面列表施工图。

以上述工程为例，其操作步骤如下：

①绘制柱剖面列表施工图的表格，如图8.30所示。

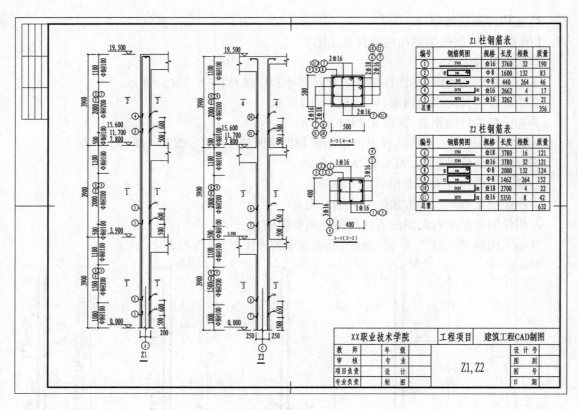

Z1 柱钢筋表

编号	钢筋简图	规格	长度	根数	质量
①	3760	Φ16	3760	32	190
②	340	Φ8	1600	132	83
③	340	Φ8	440	264	46
④	2470	Φ16	2662	4	17
⑤	3070	Φ16	3262	4	21
总重					356

Z2 柱钢筋表

编号	钢筋简图	规格	长度	根数	质量
⑥	3780	Φ18	3780	16	121
⑦	3780	Φ16	3780	32	121
⑧	440	Φ8	2000	132	124
⑨	440	Φ8	1462	264	152
⑩	2420	Φ18	2700	4	22
⑪	3070	Φ16	3350	8	42
总重					632

XX职业技术学院		工程项目	建筑工程CAD制图	
教 师	年 级			设 计 号
审 核	专 业	**Z1, Z2**		图 别
项目负责	设 计			图 号
专业负责	制 图			日 期

图 8.29 柱构件施工图

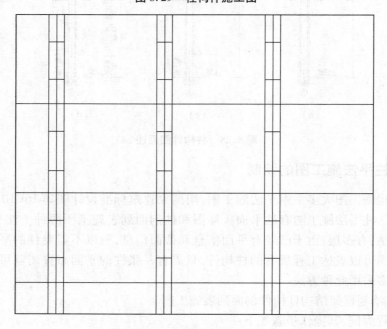

图 8.30 柱剖面列表施工图表格

②绘制柱构件的剖面和标注几何尺寸,如图 8.31 所示。

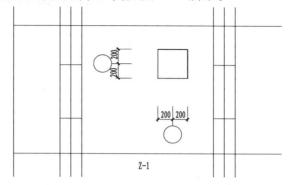

图 8.31　绘制柱剖面和标注尺寸

③绘制柱构件剖面的钢筋,如图 8.32 所示。

④标注柱剖面的钢筋和标注柱表(柱的箍筋),如图 8.33 所示。

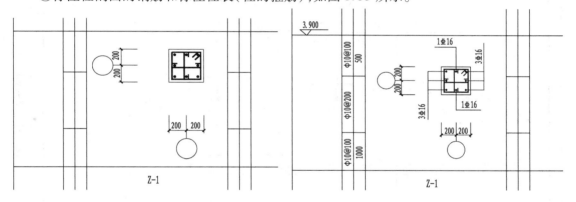

图 8.32　绘制柱剖面的钢筋　　　　　图 8.33　标注柱剖面的钢筋

⑤用相同的方法绘制其他的剖面图。

⑥写上图名,插入图框和标题栏,填写标题栏,如图 8.34 所示。

8.4.3　梁平法施工图的绘制

梁平法施工图是梁构件的平面表示方法,包括梁归并后的编号、截面尺寸、纵向钢筋和箍筋。其主要特点是反映了梁构件在层面上的位置和相互的关系,方便施工。但是,梁平法施工图不含构造处理。为了解决构造处理,可参考国家建筑标准设计图集 16G101。

【例 8.12】绘制框架结构梁平法施工图。

以上述工程为例,其操作步骤如下:

①绘制结构层的平面轴网,并标注平面尺寸,如图 8.35 所示。

②绘制结构层的梁构件,如图 8.36 所示。

③标注结构层的梁构件,如图 8.37 所示。

④写图名,插入图框和标题栏,填写标题栏,如图 8.38 所示。

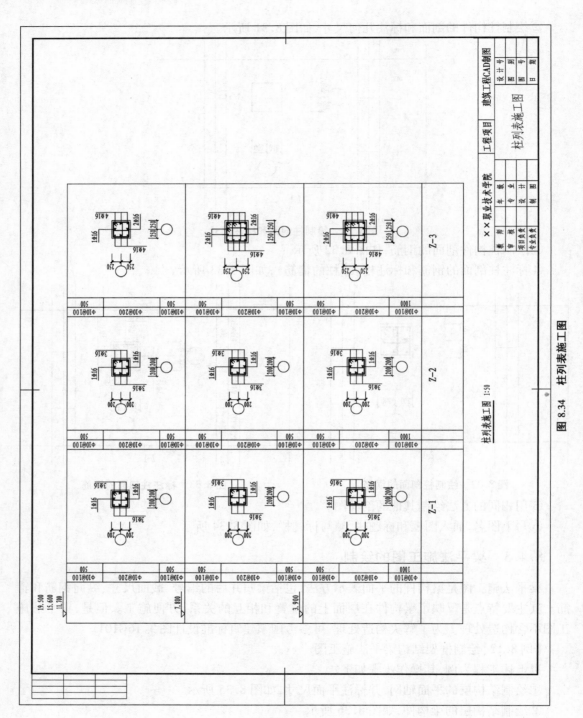

图 8.34　柱列表施工图

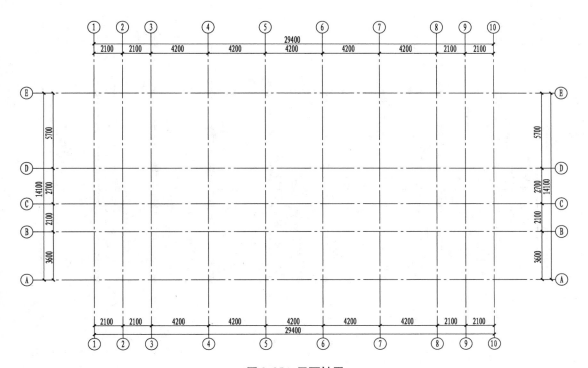

图 8.35 平面轴网

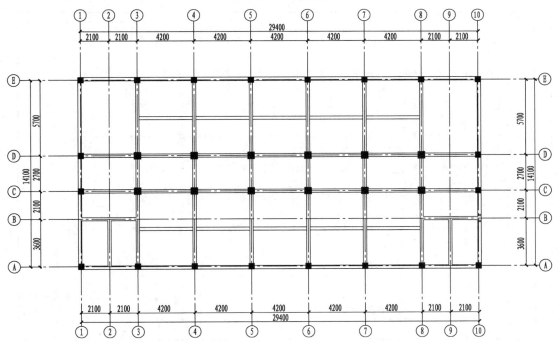

图 8.36 柱、梁和墙构件

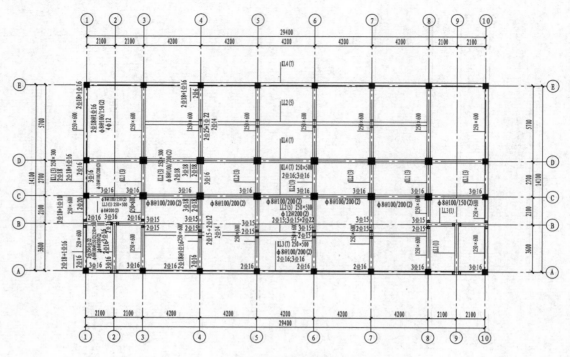

图 8.37　标注梁构件

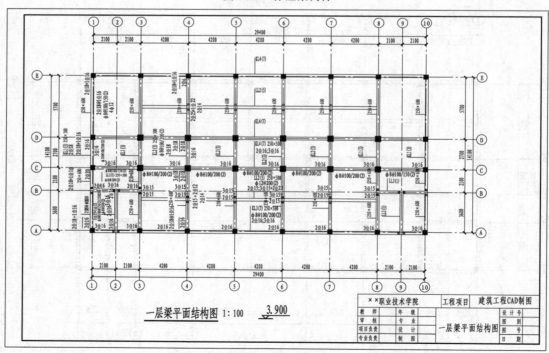

一层梁平面结构图 1:100　3.900

图 8.38　梁平法施工图

8.4.4　楼盖平面施工图的绘制

建筑工程的楼盖是指楼层的板结构。楼层板一般有预制板和现浇板,也称为预制楼盖和现浇楼盖。

1)预制楼盖平面图的绘制

【例8.13】绘制框架结构预制楼盖的平面施工图。

以上述工程为例,其操作步骤如下:

①绘制结构层的平面轴网,并标注平面尺寸,如图8.35所示。

②绘制预制楼盖层的构件,包括柱构件、梁构件和次梁构件,如图8.39所示。

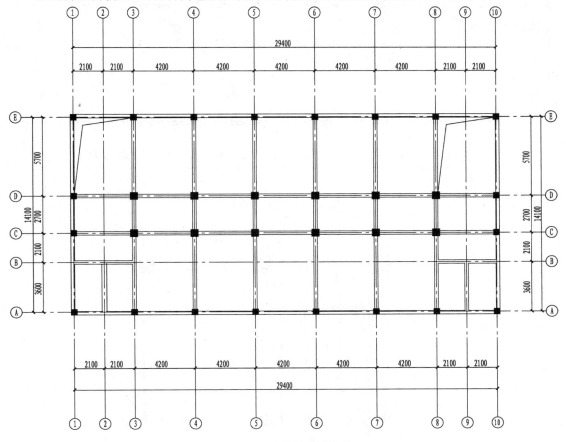

图8.39　绘制楼层的构件

③预制楼盖的楼板用板标注法,标注房间预制板的块数、型号、长度、荷载等级和放置的方向,如图8.40所示。

④楼盖的卫生间要现浇,绘制卫生间板的钢筋和标注钢筋,如图8.41所示。

⑤绘制卫生间的钢筋表,写图名,插入图框和标题栏,调整图面形成完整的施工图,如图8.42所示。

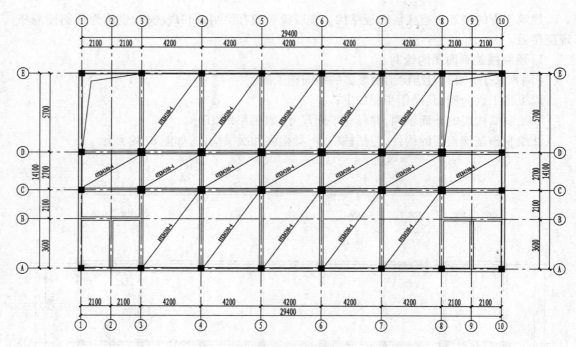

图 8.40　标注预制板

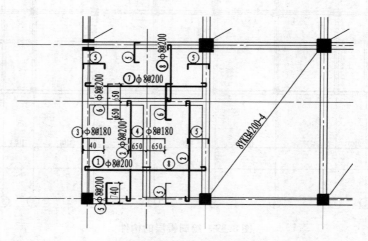

图 8.41　绘制卫生间的钢筋

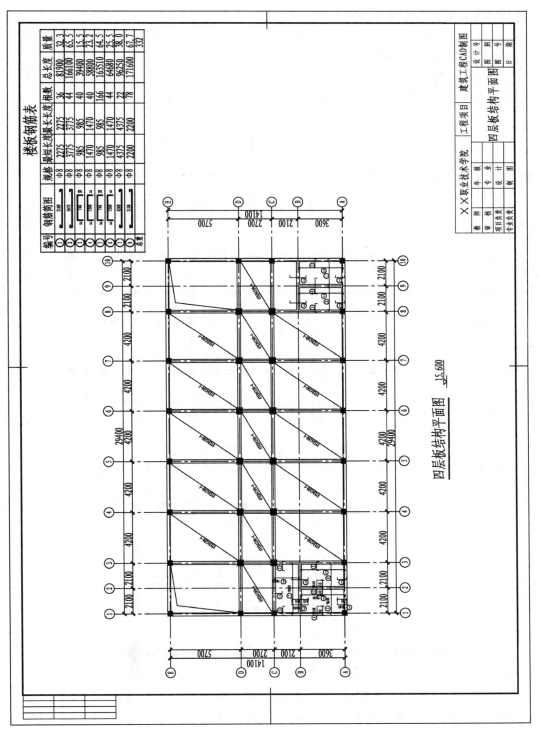

图8.42 预制楼盖施工图

2）现浇楼盖平面图的绘制

【例8.14】绘制框架结构现浇楼盖的平面施工图。

以上述工程为例，其操作步骤如下：

①绘制结构层的平面轴网，并标注平面尺寸，如图8.35所示。

②绘制现浇楼盖层的构件，包括柱构件、梁构件和次梁构件，如图8.43所示。

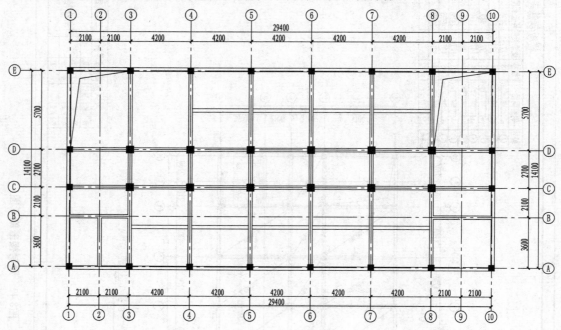

图8.43　现浇楼盖构件图

③绘制现浇楼盖房间归并后的样板间的钢筋，并标注钢筋，如图8.44所示。

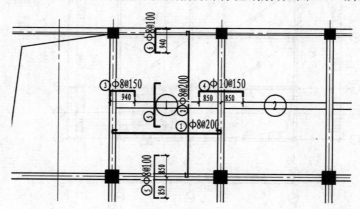

图8.44　现浇楼盖样板间钢筋图

④用同样的方法绘制其他样板间的钢筋，标注钢筋，如图8.45所示。

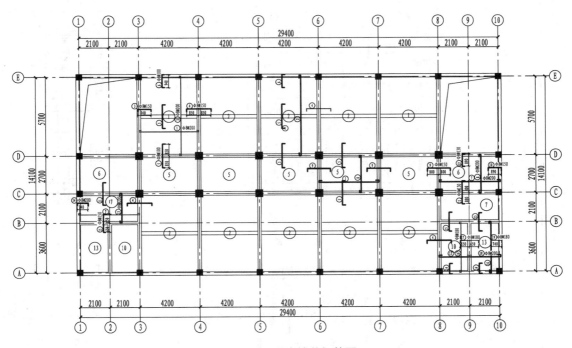

图 8.45 现浇楼盖钢筋图

⑤绘制钢筋表,写图名,插入图框和标题栏,调整图面形成完整的施工图,如图 8.46 所示。

8.4.5 现浇楼梯施工图的绘制

楼梯是建筑结构中的重要构件,由于功能的不同,楼梯可分为单跑楼梯、双跑楼梯、三跑楼梯和四跑楼梯;按结构形式,楼梯可分为有梁式和板式楼梯。现代建筑中楼梯的设计与建筑层高有关,楼层低的多为单跑楼梯;楼层高的多为多跑楼梯。现以双跑板式楼梯为例,说明楼梯施工图的计算机绘制方法。

【例 8.15】绘制钢筋混凝土板式双跑楼梯施工图。

以上述工程为例,其操作步骤如下:

①绘制楼梯的几何形状,标注各部分的标高等,如图 8.47(a)所示。

②绘制楼梯各部分的钢筋,如图 8.47(b)所示。

③标注楼梯各部分的钢筋,如图 8.47(c)所示。

④标注图名,如图 8.47(d)所示。

⑤绘制楼梯结构平面图。

⑥绘制楼梯梁和构造柱截面大样图。

⑦插入图框和标题栏,调整图面形成完整的施工图,如图 8.48 所示。

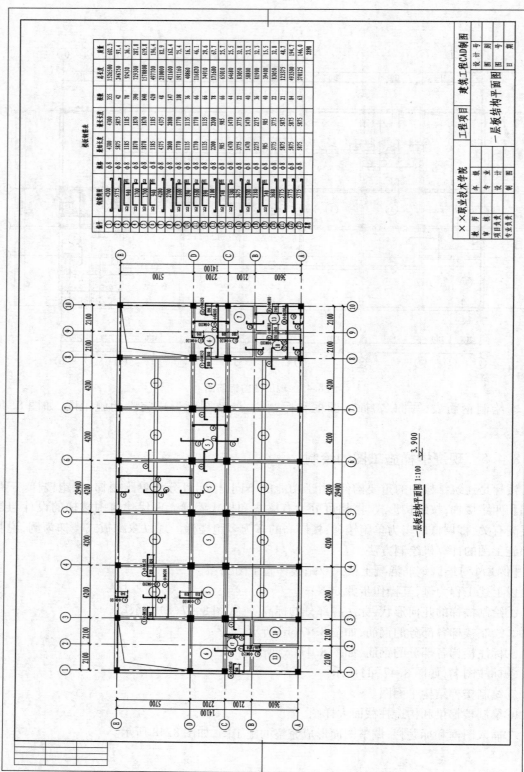

图 8.46 现浇楼盖施工图

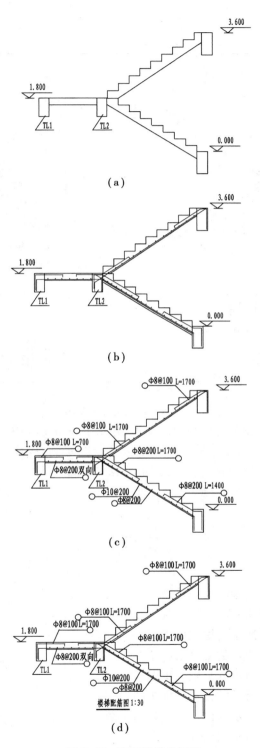

图 8.47 现浇楼梯分解图

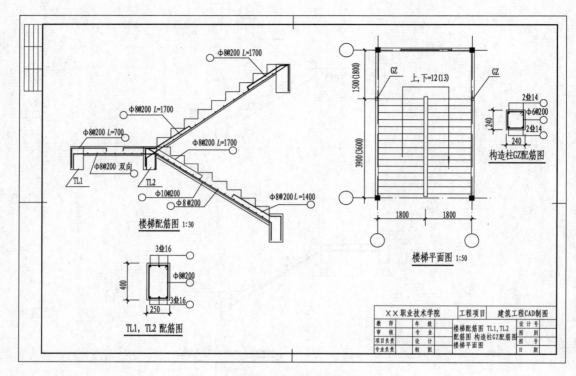

图 8.48   现浇楼梯施工图

本任务利用计算机绘图和图形编辑的知识,介绍了建筑工程中结构施工图的计算机绘制方法和绘制技能,给读者展现了结构施工图的大量绘图实例,从基础到上部结构以及设计说明,较全面地展示了计算机绘制结构施工图的方法和技能,希望这些绘图实例能够帮助读者掌握绘制结构施工图的方法和技能。

实训 8

8.1   绘制如图 8.27 所示的梁构件施工图。

8.2   绘制如图 8.49 所示的柱构件施工图。

8.3   绘制如图 8.50 所示的框架施工图。

8.4   绘制如图 8.51 所示的梁平法施工图。

8.5   绘制如图 8.52 所示的基础施工图。

8.6   绘制如图 8.53 所示的桩基础施工图。

8.7   绘制如图 8.54 所示的柱剖面列表施工图。

8.8   绘制如图 8.55 所示的楼梯施工图。

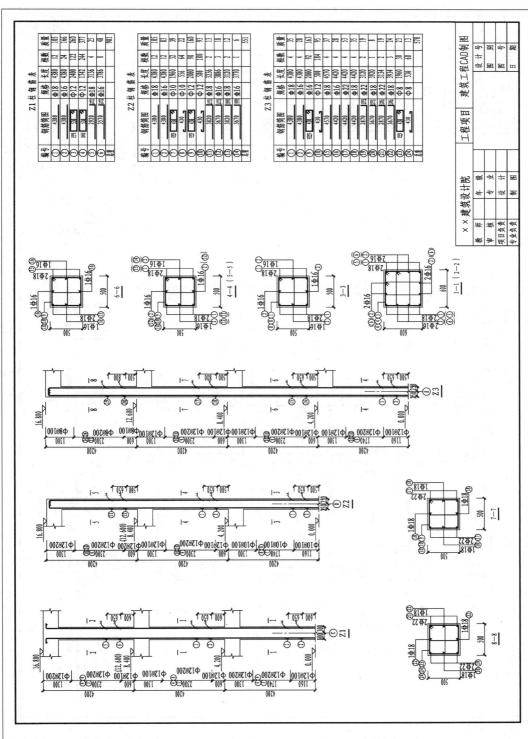

图8.49　柱构件施工图

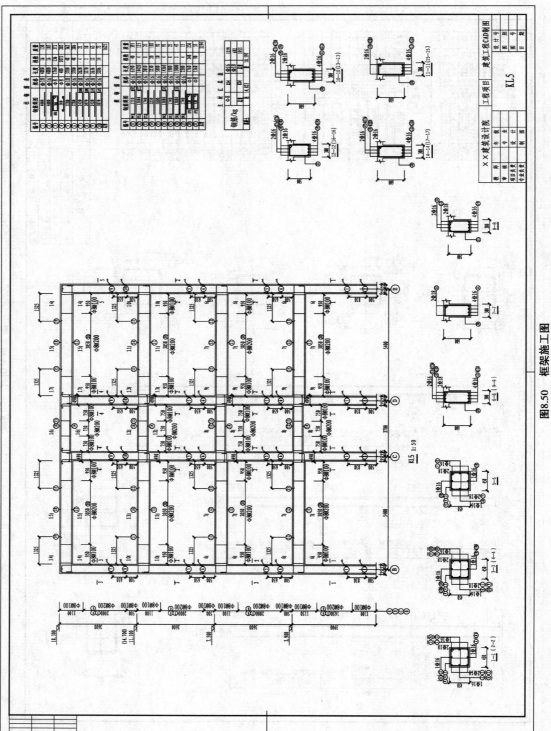

图8.50　框架施工图

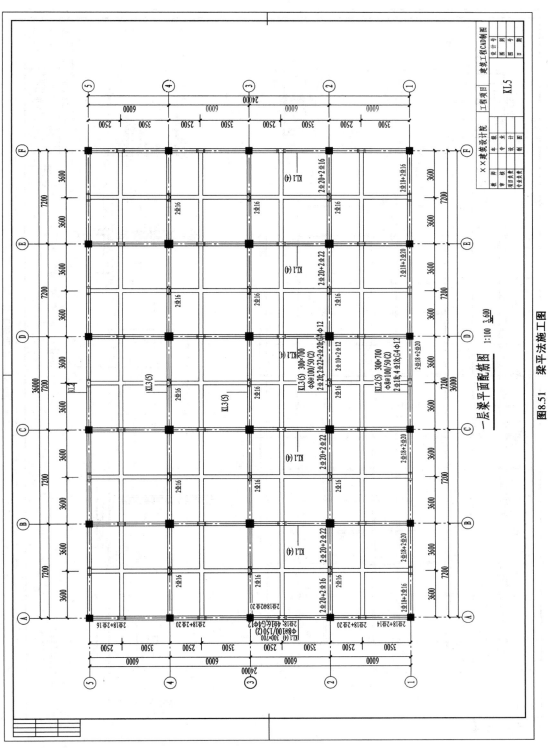

一层梁平面配筋图 1:100 3.600

图8.51 梁平法施工图

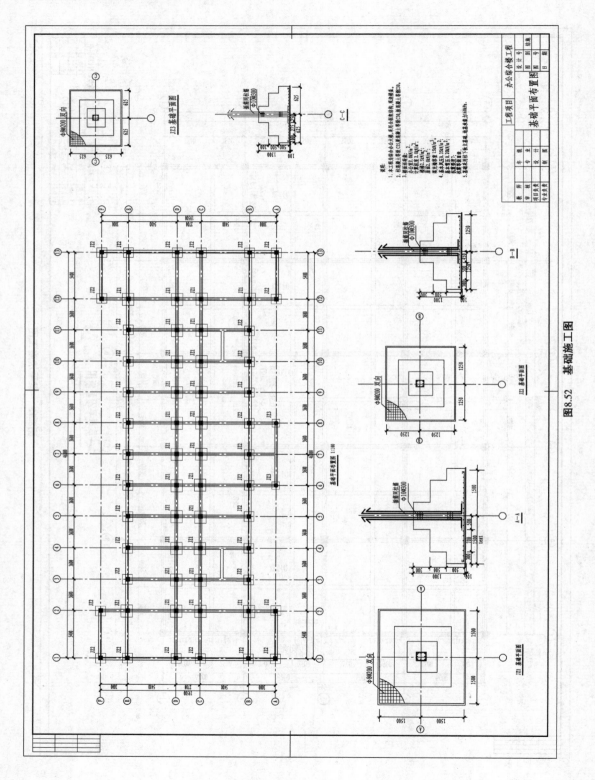

图8.52 基础施工图

232

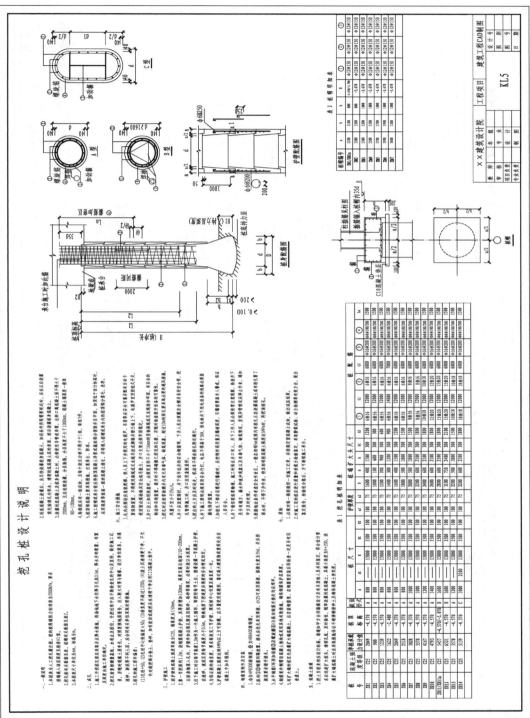

图8.53 桩基础施工图

图8.54　柱剖面列表施工图

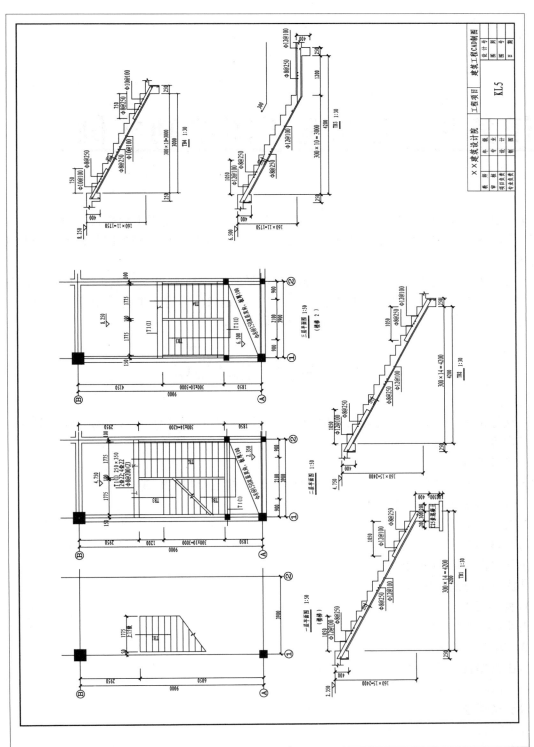

图8.55　楼梯施工图

任务 9　电气施工图绘制实例

电气施工图是用于建筑电气施工的文件,它既用于施工,又用于工程造价的概预算。本任务学习建筑电气施工图的计算机绘制方法,帮助读者掌握绘制电气施工图的基本技能和绘图技巧。

一套完整的电气施工图包括电气总说明、强电平面施工图、强电系统施工图、弱电平面施工图、弱电系统施工图。需要说明的是,在电气施工图绘制前,需要进行电量计算和照度计算。有关电气计算和材料统计的知识,在这里不做阐述。

9.1　电气施工图总说明

电气施工图总说明是电气施工图中的一张纲领性图纸,通常作为一套电气施工图的首页。其内容包括下述几个部分。

1)安装要求

①说明强电部分和弱电部分设计采用的现行国家规范及相关的其他规范;

②设计采用的现行行业标准、地方标准;

③安装施工要求。

2)特殊做法

①强电部分的特殊做法;

②弱电部分的特殊做法。

3)材料要求

①使用线路材料的要求;

②使用零部件材料的要求。

4)图纸中使用的符号

在平面图和系统图中使用的符号。

5)测试要求

施工完成后对电气的测试要求等。

【例9.1】绘制某工程的电气施工图总说明。

操作步骤如下:

①用文本标注命令写说明,如图9.1所示。

电气施工说明

一、强电说明

1.在如图位置设总的等电位联结箱(MEB),该联结箱采用-40×4镀锌扁钢分别与就近的重复接地装置、电源总进线之PE线、所有其他正常不导电的金属体(如钢管、支架、强弱电金属箱柜、电梯道轨及墙/地面钢筋等)可靠电气连接;

2.电源总箱之重复接地采用-40×4热浸锌扁钢连至附近的MEB箱内接地端子;

3.在所有卫生间设局部等电位联结箱(LEB),所有不带电的金属管道、金属构件、金属地漏、金属水龙头、金属挂件、设备外壳地面钢筋、卫生间内的PE线等均应连至局部等电位联结箱;

4.在 ⏚ 处预埋-40×4镀锌扁钢作为接地干线,该接地扁钢一端与柱内主筋可靠焊接,另一端伸出建筑物基础距外墙1.2 m,供本楼各电源点重复接地及等电位连接用,做法详JD10-108;

5.有关等电位联结及接地装置的做法参见《等电位联结安装》(15D502)及《建筑物防雷设施安装》(15D501)。

二、弱电说明

1)设备安装高度
1.家庭多媒体接线箱下口距地1.4 m;
2.门铃距地1.3 m;
3.对讲访客主机距地1.3 m;
4.用户解码器距地1.3 m;
5.访客对讲分机距地1.3 m;
6.电视插座距地0.3 m;
7.电话及信息插座距地0.3 m;
8.局部等电位联结箱距地0.5 m。
设备安装高度: 按设备说明.

2)导线规格及敷设方式(平面图未说明的)
1.信息线M1: UTP-5-PC15-FC, WC;
2.电话线F1: RVB-(2X0.5)-PC15-FC, WC;
3.电视线V1: SYV-75-1-PC20-FC, WC;
4.对讲系统主机线C1: RW-7X1.5-PC25-FC, WC;
5.对讲系统分机线C2: RW-4X1.5-PC25-FC, WC。

图9.1　电气说明

②绘制要说明的电气符号图例,如图9.2所示。

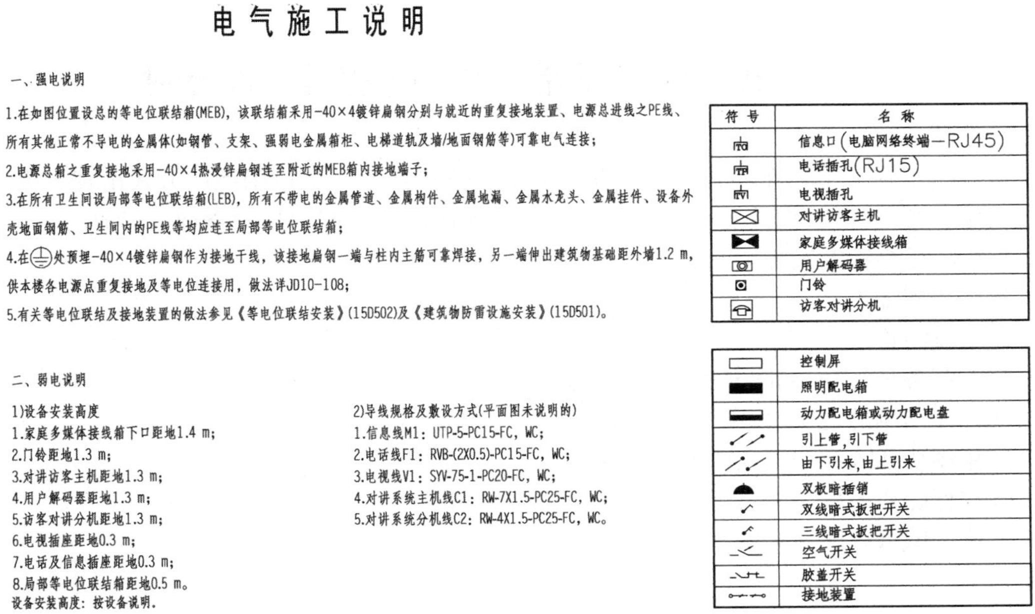

电气施工说明

一、强电说明

1.在如图位置设总的等电位联结箱(MEB),该联结箱采用-40×4镀锌扁钢分别与就近的重复接地装置、电源总进线之PE线、所有其他正常不导电的金属体(如钢管、支架、强弱电金属箱柜、电梯道轨及墙/地面钢筋等)可靠电气连接;
2.电源总箱之重复接地采用-40×4热浸锌扁钢连至附近的MEB箱内接地端子;
3.在所有卫生间设局部等电位联结箱(LEB),所有不带电的金属管道、金属构件、金属地漏、金属水龙头、金属挂件、设备外壳地面钢筋、卫生间内的PE线等均应连至局部等电位联结箱;
4.在 ⏚ 处预埋-40×4镀锌扁钢作为接地干线,该接地扁钢一端与柱内主筋可靠焊接,另一端伸出建筑物基础距外墙1.2 m,供本楼各电源点重复接地及等电位连接用,做法详JD10-108;
5.有关等电位联结及接地装置的做法参见《等电位联结安装》(15D502)及《建筑物防雷设施安装》(15D501)。

二、弱电说明

1)设备安装高度
1.家庭多媒体接线箱下口距地1.4 m;
2.门铃距地1.3 m;
3.对讲访客主机距地1.3 m;
4.用户解码器距地1.3 m;
5.访客对讲分机距地1.3 m;
6.电视插座距地0.3 m;
7.电话及信息插座距地0.3 m;
8.局部等电位联结箱距地0.5 m。
设备安装高度: 按设备说明.

2)导线规格及敷设方式(平面图未说明的)
1.信息线M1: UTP-5-PC15-FC, WC;
2.电话线F1: RVB-(2X0.5)-PC15-FC, WC;
3.电视线V1: SYV-75-1-PC20-FC, WC;
4.对讲系统主机线C1: RW-7X1.5-PC25-FC, WC;
5.对讲系统分机线C2: RW-4X1.5-PC25-FC, WC。

符　号	名　称
	信息口(电脑网络终端—RJ45)
	电话插孔(RJ15)
	电视插孔
	对讲访客主机
	家庭多媒体接线箱
	用户解码器
	门铃
	访客对讲分机

符　号	名　称
	控制屏
	照明配电箱
	动力配电箱或动力配电盘
	引上管,引下管
	由下引来,由上引来
	双板暗插销
	双线暗式扳把开关
	三线暗式扳把开关
	空气开关
	胶盖开关
	接地装置

图9.2　绘制电气符号图例

③用图块插入命令插入图框、标题栏。

④在标题栏中标注图名。

完成的图纸如图9.3所示。

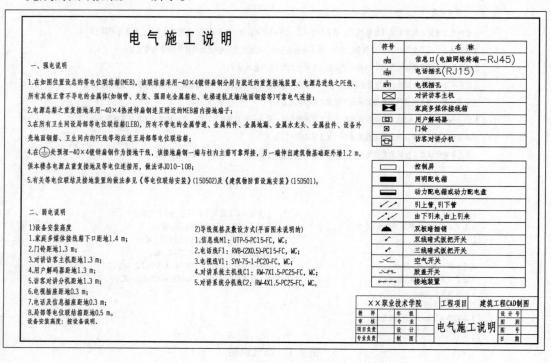

图9.3　绘制电气施工图总说明

9.2　电气施工图常用图例（符号）的绘制

电气施工图要用到许多电气专业的专业符号,在图纸上一般以图例的方式出现。为了绘制电气施工图的方便,设计者通常将电气施工图中常用的专业符号进行绘制,形成图库。

【例9.2】绘制电气常用图例表。

操作步骤如下:

①绘制表格。

②绘制各种符号,如图9.4所示。

③标注图例的说明,如图9.5所示。

④用图块插入命令插入图框、标题栏。

⑤在标题栏中标注图名。

完成的图纸如图9.6所示。

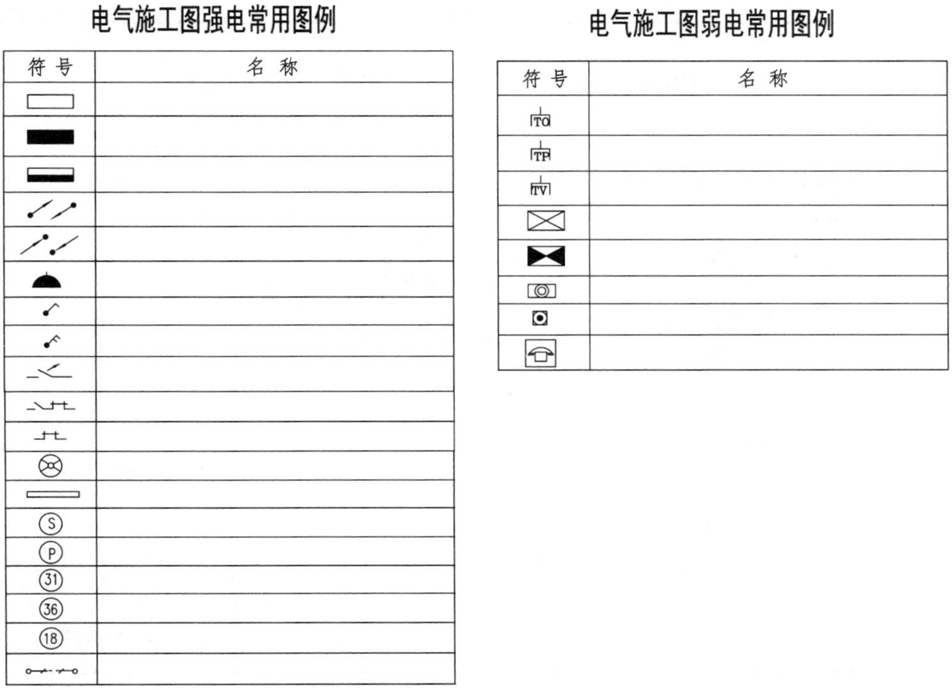

电气施工图强电常用图例

符　号	名　　称
▭	
▬	
▭	
↗	
↗	
⏛	
↗	
↗	
⌇	
⌐	
┴	
⊗	
▭	
Ⓢ	
Ⓟ	
㉛	
㊱	
⑱	
⊶⊷	

电气施工图弱电常用图例

符　号	名　　称
TO	
TP	
TV	
⊠	
◤◥	
⊡	
⊙	
☎	

图9.4　绘制表格和电气符号图

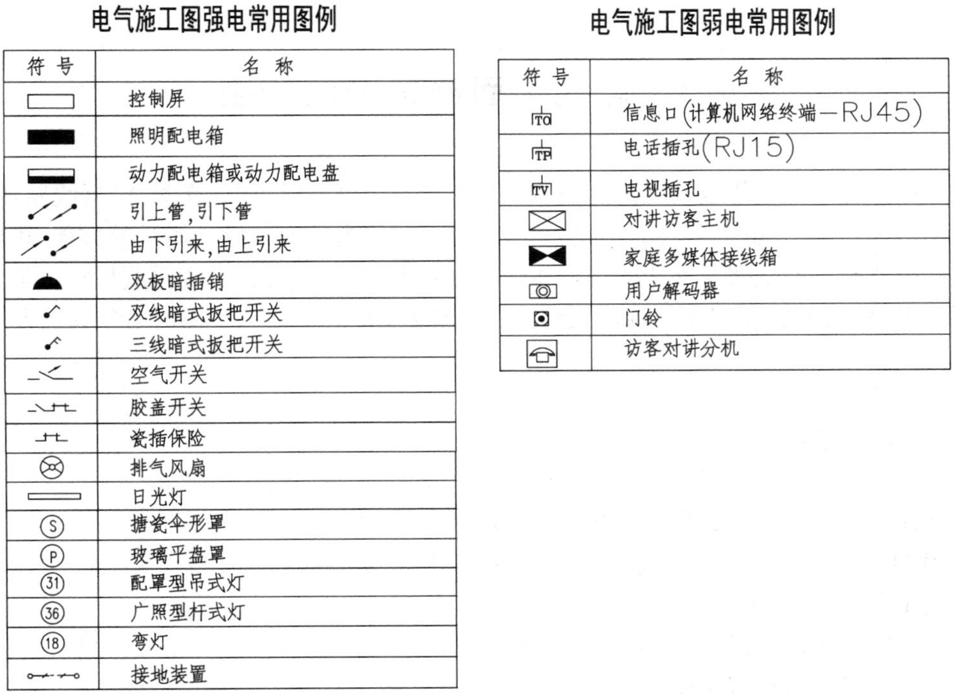

电气施工图强电常用图例

符　号	名　　称
▭	控制屏
▬	照明配电箱
▭	动力配电箱或动力配电盘
↗	引上管,引下管
↗	由下引来,由上引来
⏛	双板暗插销
↗	双线暗式扳把开关
↗	三线暗式扳把开关
⌇	空气开关
⌐	胶盖开关
┴	瓷插保险
⊗	排气风扇
▭	日光灯
Ⓢ	搪瓷伞形罩
Ⓟ	玻璃平盘罩
㉛	配罩型吊式灯
㊱	广照型杆式灯
⑱	弯灯
⊶⊷	接地装置

电气施工图弱电常用图例

符　号	名　　称
TO	信息口(计算机网络终端—RJ45)
TP	电话插孔(RJ15)
TV	电视插孔
⊠	对讲访客主机
◤◥	家庭多媒体接线箱
⊡	用户解码器
⊙	门铃
☎	访客对讲分机

图9.5　标注电气符号说明图

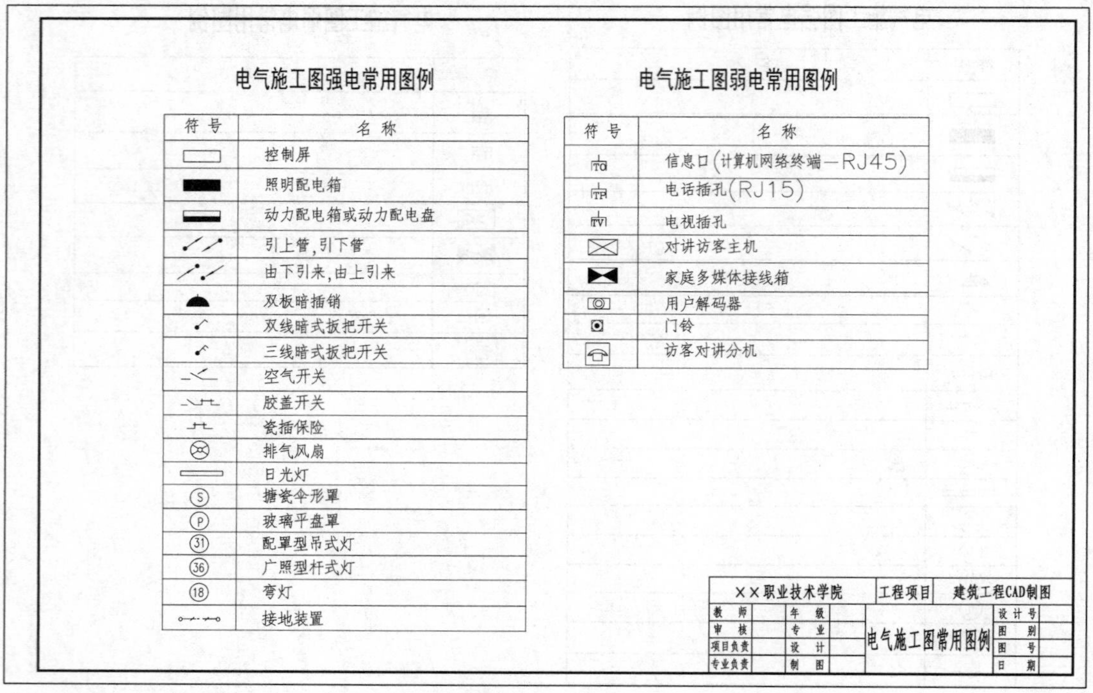

电气施工图强电常用图例	
符　号	名　称
▭	控制屏
▬	照明配电箱
▬	动力配电箱或动力配电盘
／／	引上管,引下管
／／	由下引来,由上引来
◣	双板暗插销
⌐	双线暗式扳把开关
⌐	三线暗式扳把开关
⌐	空气开关
⌐⌐	胶盖开关
⌐⌐	瓷插保险
⊗	排气风扇
─	日光灯
Ⓢ	搪瓷伞形罩
Ⓟ	玻璃平盘罩
㉛	配罩型吊式灯
㊱	广照型杆式灯
⑱	弯灯
⊶⊷	接地装置

电气施工图弱电常用图例	
符　号	名　称
信	信息口(计算机网络终端—RJ45)
电	电话插孔(RJ15)
TV	电视插孔
⊠	对讲访客主机
◨	家庭多媒体接线箱
▣	用户解码器
⊡	门铃
☎	访客对讲分机

××职业技术学院		工程项目	建筑工程CAD制图		
教　师		年　级		设 计 号	
审　核		专　业	电气施工图常用图例	图　别	
项目负责		设　计		图　号	
专业负责		制　图		日　期	

图 9.6　电气符号图

9.3　电气平面施工图的绘制

电气平面施工图是指电气线路和使用的电气零件在平面上的布置图,包括线路的走向,使用线路的型号,使用电气器具的位置、类型和大小等。为了安装电气器具的方便,可能还有固定这些电气器具的支架及支架的材料和固定方式等,需要进行文字说明或标注。电气平面施工图一般是在建筑平面图的基础上绘制的,因此绘制电气平面施工图时必须先绘制建筑平面图。

【例9.3】绘制电气平面施工图。

操作步骤如下:

①绘制建筑平面图。用前面所学方法绘制建筑平面图,如图9.7所示。

②在建筑平面图上绘制电气线路和电气符号,如图9.8所示。

③用 TEXT 命令标注电气线路和电气符号,如图9.9所示。

④用 TEXT 命令标注图名。

⑤插入图框和标题栏,在标题栏中标注图名。

完成的图纸如图9.10所示。

类似的电气照明平面图,插座、开关布置平面图的绘制方法和【例9.3】一样,如图9.11所示。

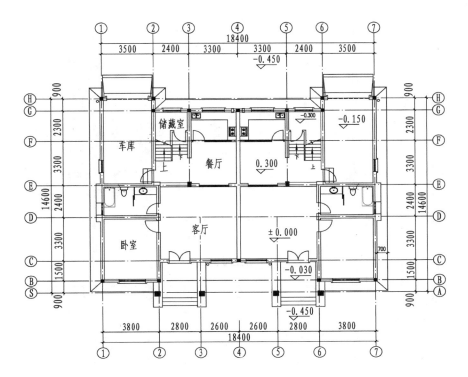

图 9.7　建筑平面图

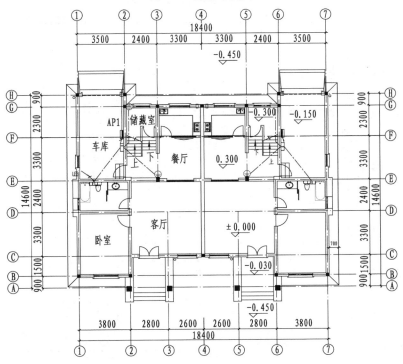

图 9.8　绘制电气线路和电气符号

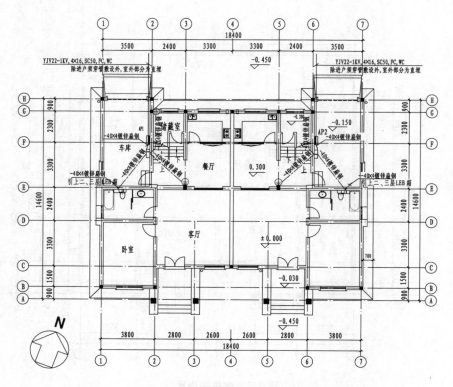

图9.9　标注电气线路和电气符号

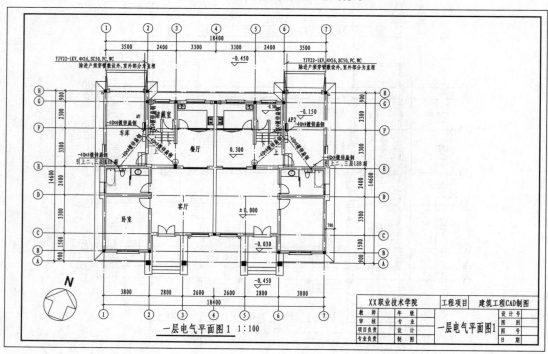

一层电气平面图1　1:100

图9.10　电气平面施工图

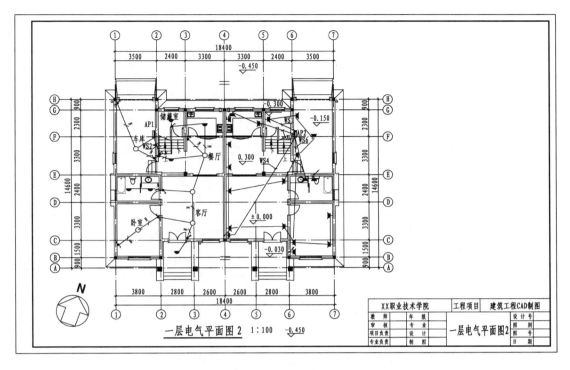

图9.11　电气平面施工图2

9.4　电气系统施工图的绘制

电气系统施工图是指整个建筑物电气线路和使用的电气器具总的系统连接图,包括线路的连接、使用电气器具的连接、配电箱的布置和连接等。电气系统施工图一般分为强电部分和弱电部分。强电部分包括动力、设备和照明;弱电部分包括电话、闭路电视、计算机网络、防盗系统和监控系统。

1)强电系统施工图的绘制

【例9.4】绘制强电系统施工图。

操作步骤如下:

①绘制强电系统连接,如图9.12所示。

②标注强电系统连接图的符号和说明,如图9.13所示。

③用 TEXT 命令标注图名。

④插入图框和标题栏,在标题栏中标注图名。

完成的施工图如图9.14所示。

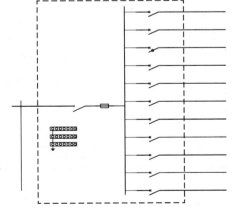

图9.12　绘制强电系统连接图

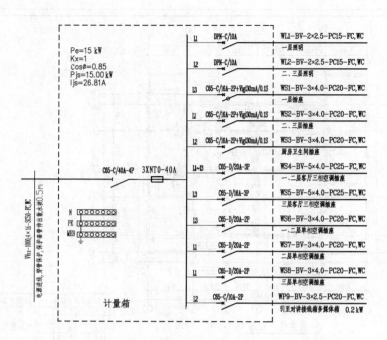

图 9.13   标注强电系统连接图的符号和说明

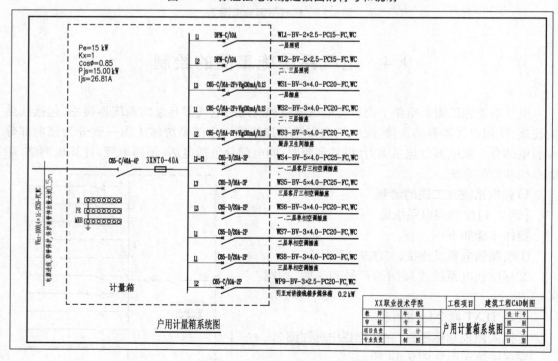

图 9.14   强电系统连接图

2)弱电系统施工图的绘制

【例9.5】绘制弱电系统施工图。

操作步骤如下：

①绘制弱电系统连接，如图9.15所示。

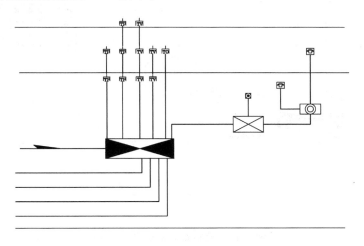

图9.15 绘制弱电系统连接图

②标注弱电系统连接的符号，如图9.16所示。

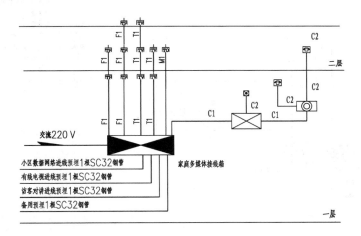

图9.16 标注弱电系统连接图的符号

③绘制弱电系统连接图的图例。先绘制表格，再绘制图例符号，并对表中符号进行说明标注，如图9.17所示。

④标注弱电系统图的有关施工说明，如图9.18所示。

⑤标注弱电系统图的图名。

⑥插入图框、标题栏，在标题栏中标注图名。

完成的施工图如图9.19所示。

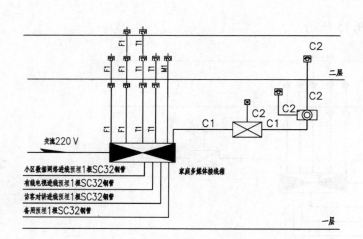

图例	说明
	信息口(计算机网络终端—RJ45)
	电话插孔(RJ15)
	电视插孔
	对讲访客主机
	家庭多媒体接线箱
	用户解码器
	门铃
	访客对讲分机

图 9.17　绘制弱电系统连接图图例

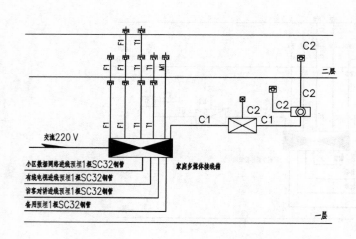

图例	说明
	信息口(计算机网络终端—RJ45)
	电话插孔(RJ15)
	电视插孔
	对讲访客主机
	家庭多媒体接线箱
	用户解码器
	门铃
	访客对讲分机

补充说明:
设备安装高度
1.家庭多媒体接线箱下口距地1.4 m;
2.门铃距地1.3 m;
3.对讲访客主机距地1.3 m;
4.用户解码器距地1.3 m;
5.访客对讲分机距地1.3 m;
6.电视插座距地0.3 m;
7.电话及信息插座距地0.3 m;
8.局部等电位联结箱距地0.5 m。

导线规格及敷设方式(平面图未说明的):
1.信息线M1: UTP-5-PC15-FC, WC;
2.电话线F1: RVB-(2×0.5)-PC15-FC, WC;
3.电视线V1: SYV-75-1-PC20-FC, WC;
4.对讲系统主机线C1: RW-7×1.5-PC25-FC, WC;
5.对讲系统分机线C2: RW-4×1.5-PC25-FC, WC。

图 9.18　标注弱电系统连接图的有关施工说明

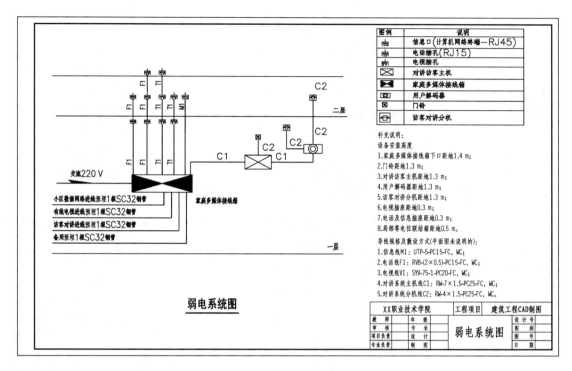

图9.19　弱电系统施工图

　　本任务利用计算机绘图和图形编辑的知识,介绍了建筑工程中电气施工图的计算机绘制方法和绘制技能,给读者展现了绘制电气施工图的大量绘图实例,包括强电部分的施工图和弱电部分的施工图及电气施工图总说明,较全面地说明和实践了计算机绘制电气施工图的方法和技能,希望这些绘图实例能够帮助读者认识和绘制电气施工图。

实训 9

9.1　绘制如图9.20所示的电气平面施工图。

9.2　绘制如图9.21所示的电气平面施工图。

9.3　绘制如图9.22所示的电气系统施工图。

9.4　绘制如图9.23所示的电气系统施工图。

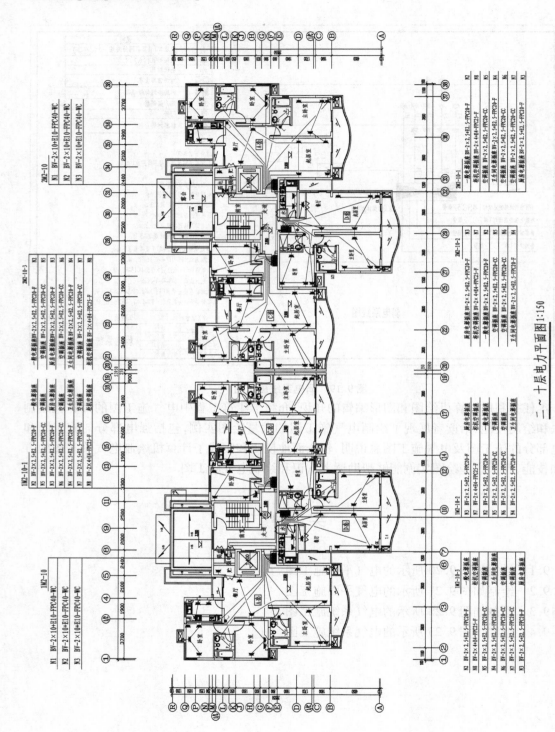

二~十层电力平面图1:150

图9.20 电气平面施工图1

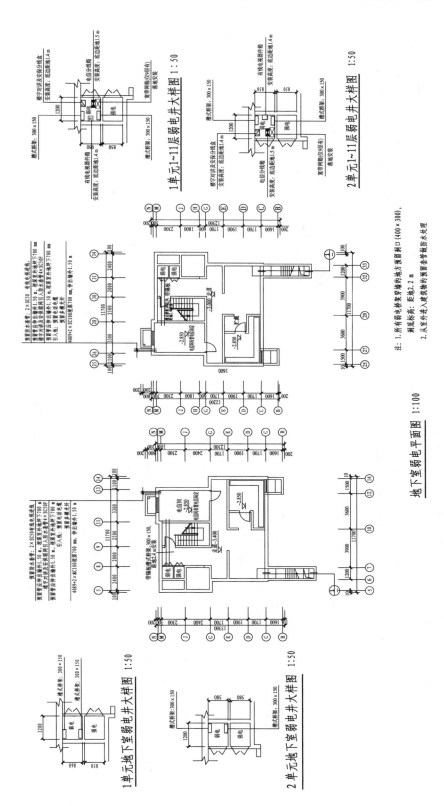

1单元1~11层弱电电井大样图 1:50

2单元1~11层弱电电井大样图 1:50

地下室弱电平面图 1:100

1单元地下室弱电电井大样图 1:50

2单元地下室弱电电井大样图 1:50

注：1. 所有弱电桥架来自零的地方预留洞口（400×300），
洞底标高：距地2.2 m
2. 从室外进入建筑物的弱电套管做防水处理

图9.21 电气平面施工图2

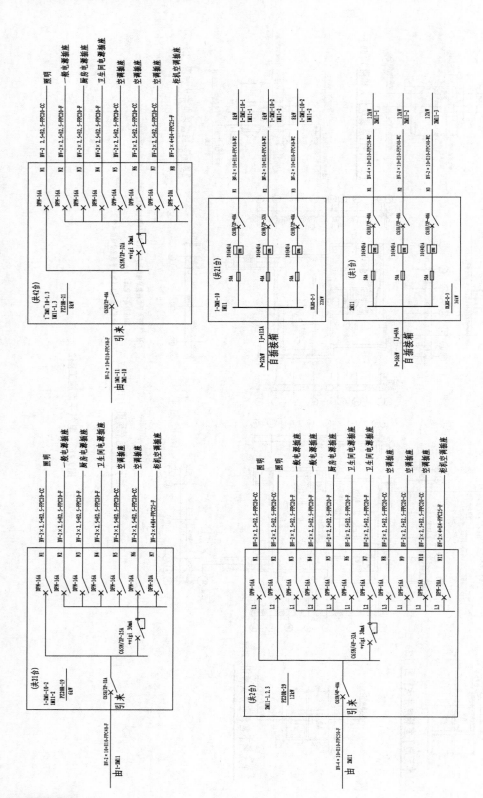

配电箱系统图 2

图9.22　电气系统施工图 1

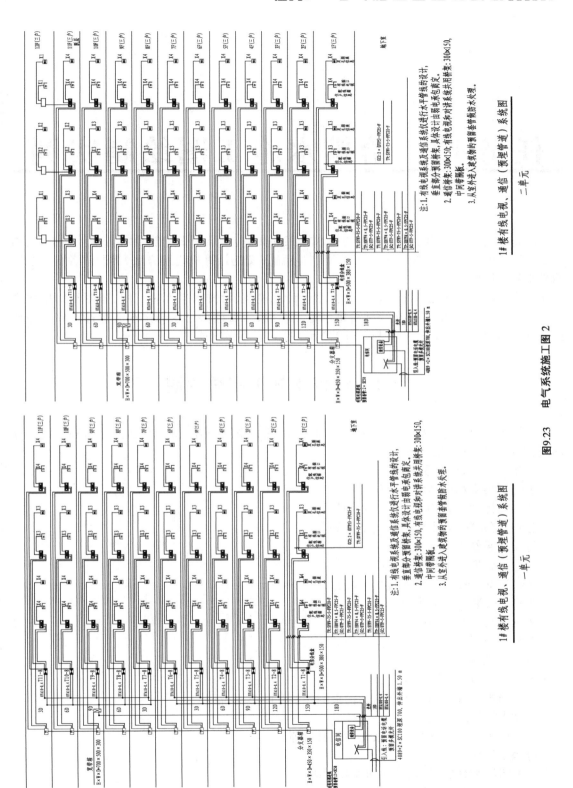

图9.23 电气系统施工图 2

任务 10 给排水施工图绘制实例

给排水施工图是用于建筑给水与排水施工的文件,它既用于建筑给水与排水施工,也用于工程造价的概预算。本任务学习建筑给排水施工图的计算机绘制方法,帮助读者掌握绘制给排水施工图的基本技能和绘图技巧。

一套完整的给排水施工图包括给排水设计总说明、给排水平面施工图、详图和给排水系统施工图。需要说明的是,在绘制给排水施工图前,需要进行给水与排水流量计算和管径计算。有关给排水流量计算和材料统计的知识,在这里不做阐述。

10.1 给排水施工图总说明

给排水施工图总说明是给排水施工图中的一张纲领性图纸,通常作为给排水施工图的首页,其内容包括下述几个部分。

1)工程尺寸、标高及其他

①管道长度和标高计量单位;

②室内标高 ±0.000 的绝对标高值;

③施工预埋件对土建结构的要求等。

2)给水系统

①给水管道进户和支管说明;

②管道穿越楼层与结构板的连接;

③管道安装说明要求;

④管道与支架的间距尺寸;

⑤水表与用水设备的安装要求等。

3)排水系统

①排水管道材料明细说明;

②室内排水管道穿越楼层与结构板的连接和防渗漏说明;

③排水管管道安装要求;

④室外排水管布置及结构预埋件的要求等。

4)消防系统

①消防给水管的材料、尺寸和安装方法;

②消火栓的布置;

③消防水池管道安装说明；

④消防泵房管道安装要求；

⑤自动喷淋系统管道设计说明。

5)管道与结构连接大样详图

①给水管道与结构连接大样图；

②排水管道与结构连接大样图；

③消防管道与结构连接大样图。

6)施工要求及验收要求

①对施工的特殊要求等；

②施工完成后对验收的要求。

7)设计中使用的符号图例

说明设计图中使用的给排水符号和图例。

【例10.1】绘制某工程的给排水施工图总说明。

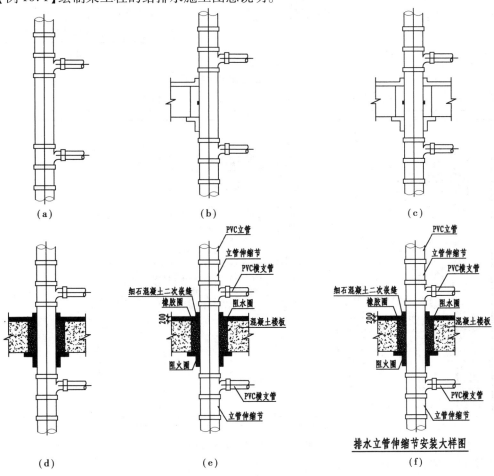

图10.1 排水立管安装大样图

操作步骤如下：

①绘制排水立管安装大样图：绘制排水立管，如图10.1(a)所示；绘制楼层板大样，如图

10.1(b)所示;用镜像命令复制楼层板大样,如图10.1(c)所示;填充楼层板大样,如图10.1(d)所示;标注大样图的部件,如图10.1(e)所示;标注大样图的图名,并把大样图定义成外部图块,如图10.1(f)所示。

②绘制污水立管和通气管连接大样图:绘制立管连接图,如图10.2(a)所示;绘制立管和结构板连接图,如图10.2(b)所示;标注立管和结构板连接图各部分说明,如图10.2(c)所示;标注立管连接大样图的图名,如图10.2(d)所示;把大样图定义成外部图块存盘。

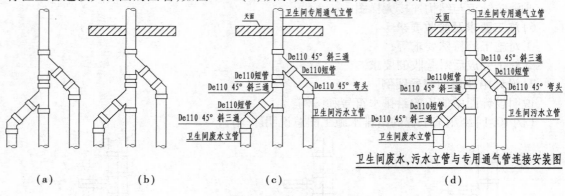

(a)   (b)   (c)   (d)

图10.2 立管连接大样图

③标注说明。调入图框图形文件,标注说明,如图10.3所示。

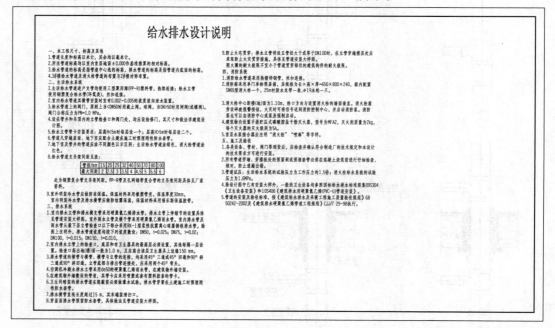

图10.3 给排水设计说明

④绘制图例,如图10.4所示。

⑤用①的方法绘制其他的大样详图,并定义成图块存盘。

⑥插入大样图块,标注图名。

完成的施工图如图10.5所示。

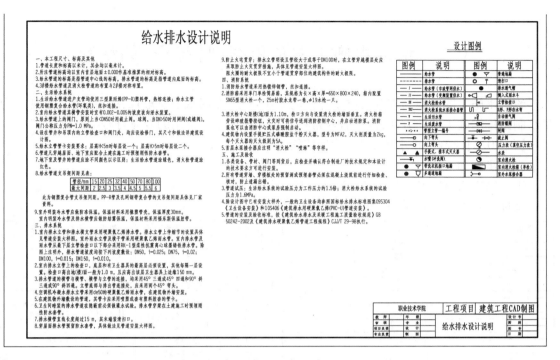

图 10.4 绘制设计图例

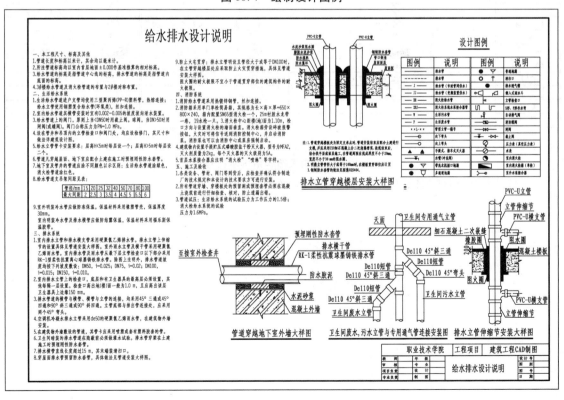

图 10.5 给排水总说明施工图

10.2 给排水施工图常用图例(符号)的绘制

给排水施工图要用到许多给排水专业的专业符号,在图纸上一般以图例的方式出现。为了绘制给排水施工图的方便,设计者通常将给排水施工图中常用的专业符号绘制出来。

【例10.2】绘制给排水施工图常用图例表。

操作步骤如下:

①绘制表格、各种符号,如图10.6(a)所示。

②标注各种符号的说明,如图10.6(b)所示。

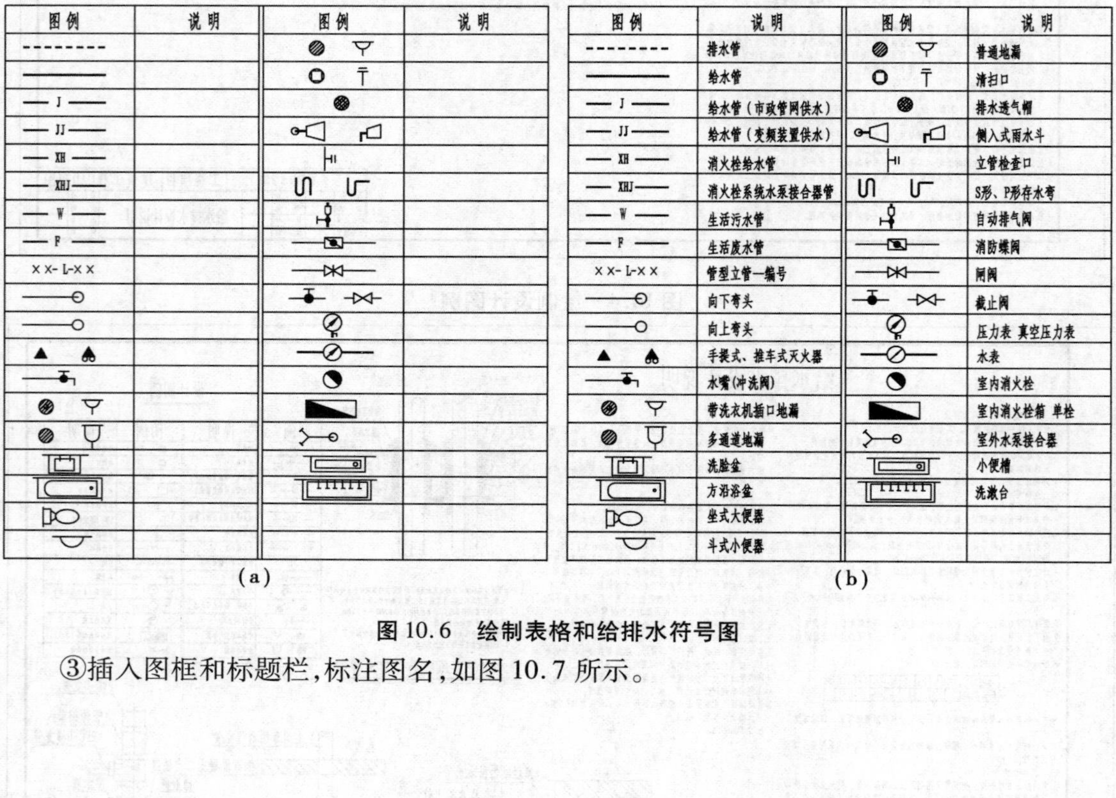

图例	说明	图例	说明	图例	说明	图例	说明
- - - - - - -				- - - - - - -	排水管		普通地漏
———				———	给水管		清扫口
— J —				— J —	给水管(市政管网供水)		排水透气帽
— JJ —				— JJ —	给水管(变频装置供水)		侧入式雨水斗
— XH —				— XH —	消火栓给水管		立管检查口
— XHJ —				— XHJ —	消火栓系统水泵接合器管		S形、P形存水弯
— W —				— W —	生活污水管		自动排气阀
— F —				— F —	生活废水管		消防蝶阀
× ×- L- × ×				× ×- L- × ×	管型立管—编号		闸阀
					向下弯头		截止阀
					向上弯头		压力表 真空压力表
▲				▲	手提式、推车式灭火器		水表
					水嘴(冲洗阀)		室内消火栓
					带洗衣机插口地漏		室内消火栓箱 单栓
					多通道地漏		室外水泵接合器
					洗脸盆		小便槽
					方沿浴盆		洗漱台
					坐式大便器		
					斗式小便器		

(a)   (b)

图 10.6 绘制表格和给排水符号图

③插入图框和标题栏,标注图名,如图10.7所示。

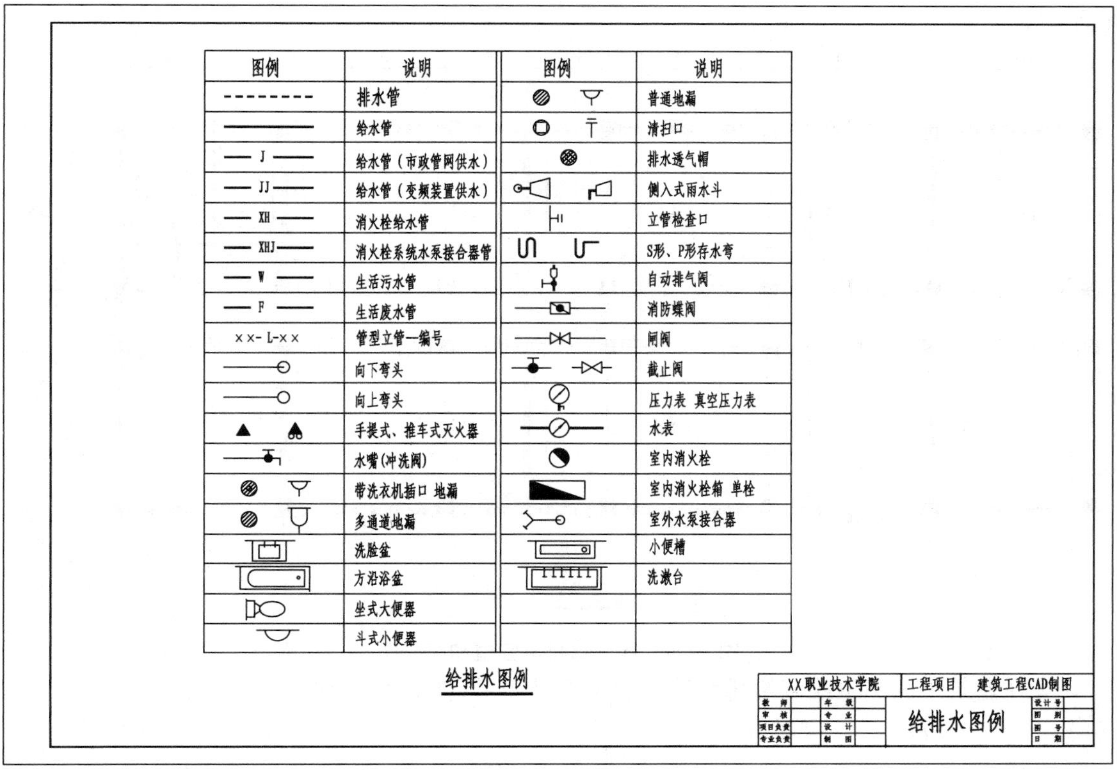

图例	说明	图例	说明
- - - - -	排水管		普通地漏
———	给水管		清扫口
—— J ——	给水管（市政管网供水）		排水透气帽
—— JJ ——	给水管（变频装置供水）		侧入式雨水斗
—— XH ——	消火栓给水管		立管检查口
—— XHJ ——	消火栓系统水泵接合器管		S形、P形存水弯
—— W ——	生活污水管		自动排气阀
—— F ——	生活废水管		消防蝶阀
××-L-××	管型立管—编号		闸阀
	向下弯头		截止阀
	向上弯头		压力表 真空压力表
	手提式、推车式灭火器		水表
	水嘴（冲洗阀）		室内消火栓
	带洗衣机插口 地漏		室内消火栓箱 单栓
	多通道地漏		室外水泵接合器
	洗脸盆		小便槽
	方沿浴盆		洗漱台
	坐式大便器		
	斗式小便器		

给排水图例

XX职业技术学院	工程项目	建筑工程CAD制图
教 师 年 级		
审 核 专 业	**给排水图例**	
项目负责 设 计		
专业负责 制 图		

图 10.7 给排水图例

10.3 给排水平面施工图的绘制

给排水平面施工图是指给水和排水管道，以及使用的给排水零部件在平面上的布置图，包括管道的走向，使用管道的型号，使用给排水零部件的位置、类型和大小等。为了安装管道和零部件的方便，可能还有固定这些零部件的支架，以及支架的材料和固定方式等，需要进行文字说明或标注。给排水平面施工图一般是在建筑平面图的基础上进行绘制的，因此绘制给排水平面施工图时必须先绘制建筑平面图。

【例 10.3】绘制给排水平面施工图。

操作步骤如下：

①绘制建筑平面图。用前面所学方法绘制建筑平面图，如图 10.8 所示。

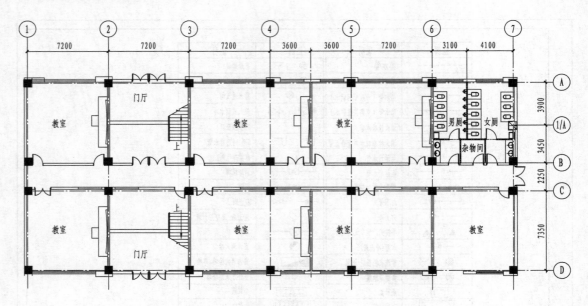

首层平面图 1:100

图 10.8 绘制给排水管道和符号图

②在建筑平面图上绘制给排水管道和零部件符号,如图 10.9 所示。

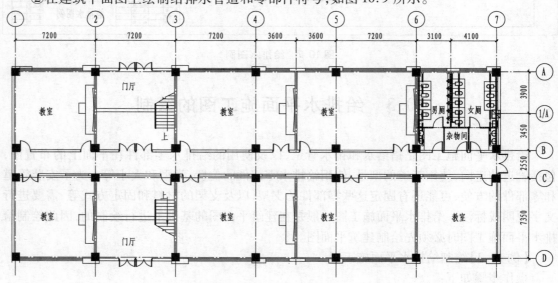

首层平面图 1:100

图 10.9 建筑平面图

③绘制卫生间详图的建筑平面图,如图 10.10 所示。

④绘制卫生间给排水详图,如图 10.11 所示。

⑤插入图框和标题栏。

⑥标注施工说明,如图 10.12 所示。

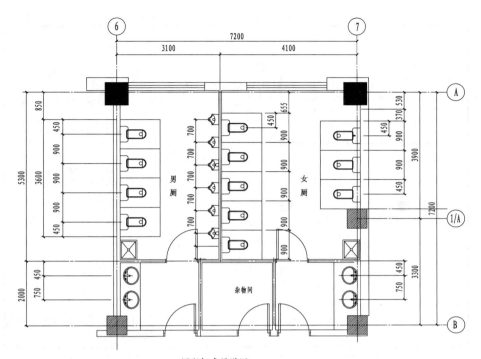

厕所标准层详图 1:100

图 10.10 卫生间建筑平面图

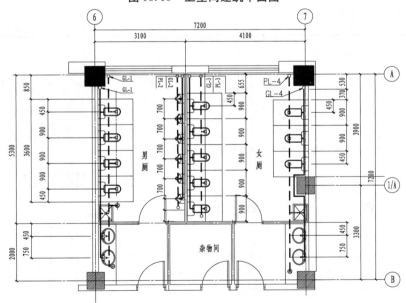

厕所标准层详图 1:100

图 10.11 卫生间详图

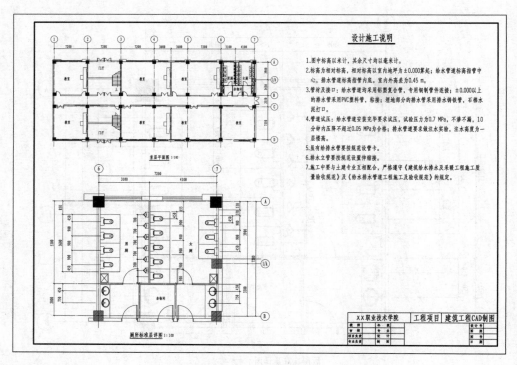

图 10.12　标注施工说明

⑦绘制图例表,调整图面。

完成后的施工图如图 10.13 所示。

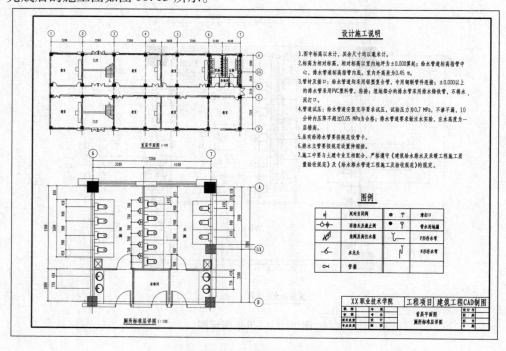

图 10.13　给排水平面施工图

10.4　给排水系统施工图的绘制

给排水系统施工图是指整个建筑物给排水管道和使用的给排水零部件总的系统连接图，包括管道的连接、使用零部件的连接等。给排水系统施工图一般分给水部分、排水部分和消防部分。

1）给水管道系统施工图的绘制

【例10.4】绘制给水管道系统施工图。

①打开图框（图框内已有标题栏）文件，绘制给水管道系统图，如图10.14所示。

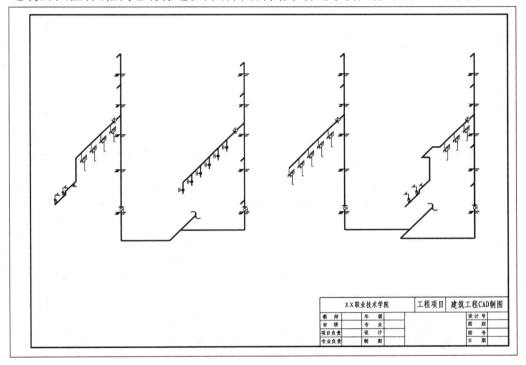

图10.14　绘制给水管道系统图

②标注给水管道系统图的符号和说明，如图10.15所示。

③标注给水管道系统图上各部分的楼层标高，以及图名，并调整图面。

完成后的施工图如图10.14所示。

2）排水管道系统施工图的绘制

【例10.5】绘制排水管道系统施工图。

①打开图框（图框内已有标题栏）文件，绘制排水管道系统图，如图10.17所示。

②标注排水管道系统图的符号和说明，如图10.18所示。

③标注排水管道系统图上各部分的楼层标高，以及图名，并调整图面。

完成后的施工图如图10.19所示。

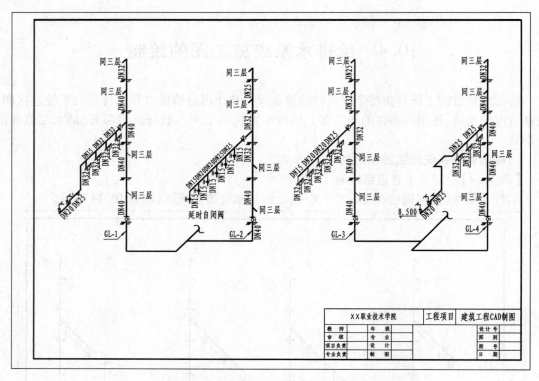

图 10.15 标注给水管道系统的符号和说明图

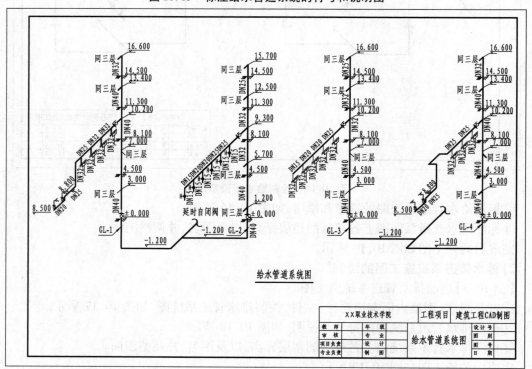

图 10.16 给水管道系统图

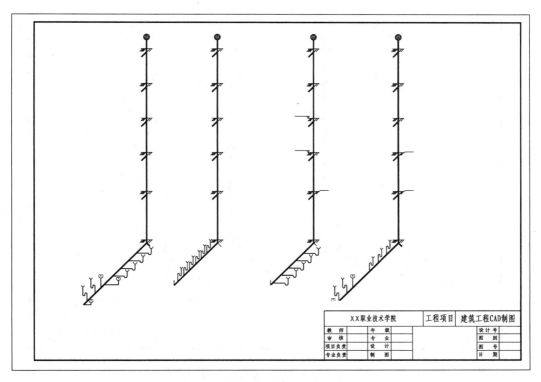

图 10.17　绘制排水管道系统图

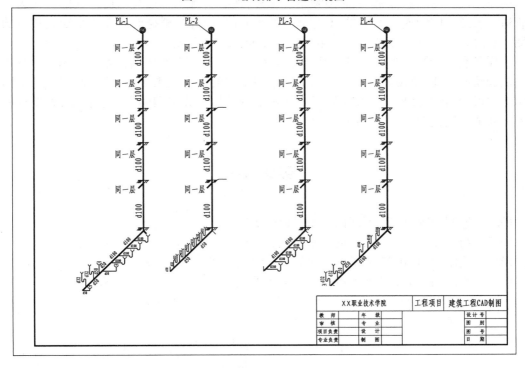

图 10.18　标注排水管道系统图的符号和说明

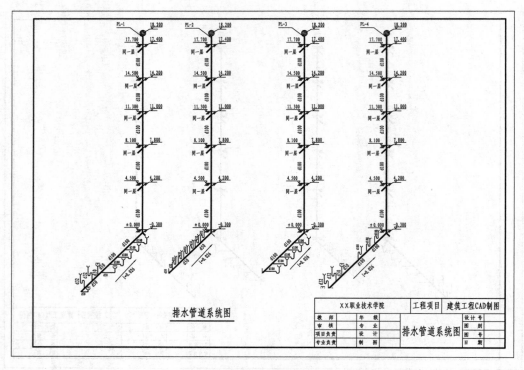

排水管道系统图

XX职业技术学院		工程项目	建筑工程CAD制图
教 师	年 级		
审 核	专 业	排水管道系统	设 计 号
项目负责	设 计		图 别
专业负责	制 图		图 号
			日 期

图 10.19　排水系统施工图

　　给排水施工图除总说明、平面图和系统图外,还有给排水管道与结构构件的连接大样图和管道与管道之间的连接大样图、消防部分的大样图等详图,根据设计需要来绘制相应的施工图。总之,一个工程的给排水施工图要完整、详细,以便于施工。

　　本任务利用计算机绘图和图形编辑的知识,介绍了建筑工程中给排水施工图的计算机绘制方法和绘制技能,给读者展现了绘制给排水施工图的大量绘图实例,从平面图到系统图以及给排水说明,较全面地说明和实践了计算机绘制给排水施工图的方法和技能,希望这些绘图实例能够帮助读者认识和绘制给排水施工图。

实训 10

10.1　绘制如图 10.20 所示的给水平面施工图。

10.2　绘制如图 10.21 所示的排水平面施工图。

10.3　绘制如图 10.22 所示的给水管道系统施工图。

10.4　绘制如图 10.23 所示的排水管道系统施工图。

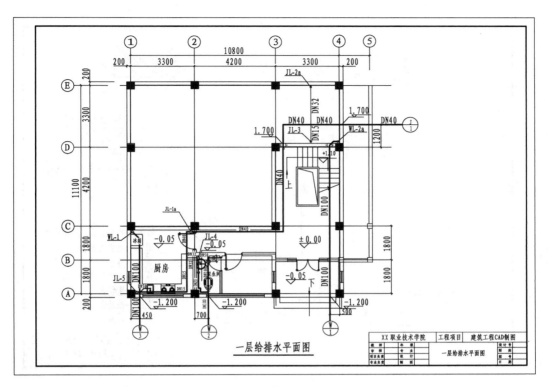

图 10.20 给水平面施工图

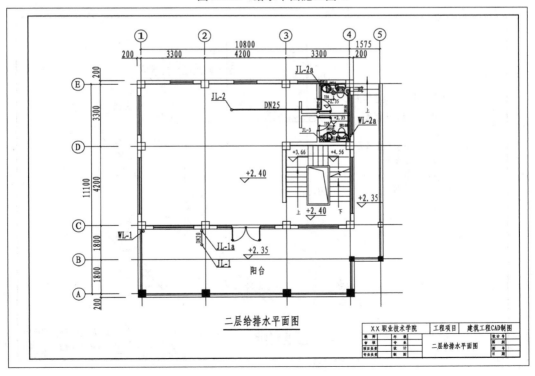

图 10.21 排水平面施工图

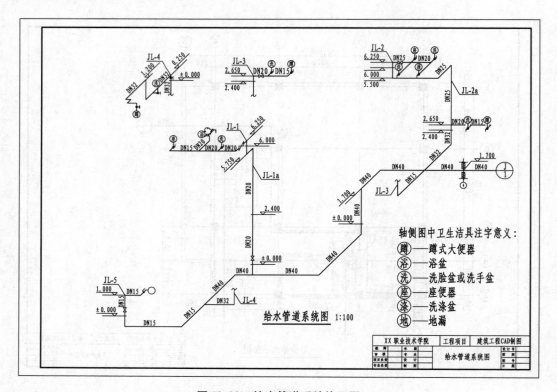

图 10.22　给水管道系统施工图

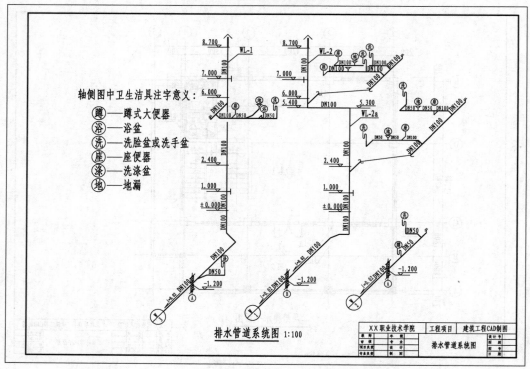

图 10.23　排水管道系统施工图

附录　AutoCAD 常用命令速查表

命　　令	命令别名	功　　能
APPLOAD	ap	加载和卸载应用程序以及指定启动时要加载的应用程序
ARC	a	创建圆弧
AREA	aa	计算对象或指定区域的面积和周长
ARRAY	ar	以对话框方式选择相应的选项可以创建矩形或环形阵列
ATTDEF	att	定义块属性模式、属性标记、属性提示、属性值、插入点以及属性的文字
BHATCH	bh	使用图案填充封闭区域或选定的对象
BLOCK	b	根据选定对象创建块定义
BREAK	br	在两点之间打断选定对象
CHAMFER	cha	为对象的边倒角
CELTSCALE		设置当前对象的线型比例因子
CHANGE	-ch	修改现有对象的特性
CIRCLE	c	创建圆
COPY	cp	复制对象
DDEDIT	ed	编辑文字、标注文字、属性定义和特征控制框
DIMALIGNED	dal	创建对齐线性标注
DIMANGULAR	dan	创建角度标注
DIMBASELINE	dba	从上一个标注或选定标注的基线处创建线性标注、角度标注或坐标标注（基线标注）
DIMCENTER	dce	创建圆和圆弧的圆心标记或中心线
DIMCONTINUE	dco	从上一个标注或选定标注的第二条尺寸界线处创建线性标注、角度标注或坐标标注（连续标注）
DIMDIAMETER	ddi	创建圆和圆弧的直径标注
DIMEDIT	ded	编辑标注

续表

命　令	命令别名	功　　能
DIMLINEAR	dli	创建线性标注
DIMORDINATE	dor	创建坐标点标注
DIMRADIUS	dra	创建圆和圆弧的半径标注
DIMSTYLE	d	创建和修改标注样式
DIMTEDIT	dimted	移动和旋转标注文字
DIST	di	测量两点之间的距离和角度
DIVIDE	div	将点对象或块沿对象的长度或周长等间隔排列（定数等分）
DONUT	do	绘制填充的圆和环
DSETTINGS	ds	指定捕捉模式、栅格、极轴捕捉追踪和对象捕捉追踪的设置（草图设置）
ELLIPSE	el	创建椭圆或椭圆弧
ERASE	e	从图形中删除对象
EXPLODE	x	将合成对象分解成它的部件对象
EXPORT	exp	以其他文件格式保存对象
EXTEND	ex	延伸对象以和另一对象相接
FILLET	f	给对象的边加圆角
FILL	fill	控制诸如图案填充、二维实体和宽多段线等对象的填充
GRID	grid	在当前视口中显示点栅格
HATCH	-h	用无关联填充图案填充区域
HATCHEDIT	he	修改现有的图案填充对象
HIDE	hi	重生成三维模型时不显示隐藏线
INSERT	i	用对话框插入块
LAYER	la	管理图层和图层特性
LIMITS		在当前的模型或布局选项卡中，设置并控制图形边界和栅格显示的界限
LENGTHEN	len	修改对象的长度和圆弧的圆心角
LINE	l	创建直线段
LINETYPE	lt	加载、设置和修改线型
LIST	li	显示选定对象的数据库信息
LTSCALE	lts	设置全局线型比例因子
LWEIGHT	lw	设置当前线宽、线宽显示选项和线宽单位
MATCHPROP	ma	将选定对象的特性应用到其他对象（特性匹配）

续表

命　　令	命令别名	功　　能
MEASURE	me	将点对象或块按指定的间距放置在对象上(定距等分)
MIRROR	mi	创建对象的镜像副本
MIRRTEXT		文字是否镜像的系统变量
MINSERT		在矩形阵列中插入一个块的多重引用
MLINE	ml	创建多重平行线
MOVE	m	在指定方向上按指定距离移动对象
MSPACE	ms	从图纸空间切换到模型空间视口
MTEXT	mt	创建多行文字
NEW		创建新的图形文件
OPEN		打开现有的图形文件
OFFSET	o	创建同心圆、平行线和平行曲线
OPTIONS	op	自定义 AutoCAD 设置
OSNAP	os	设置执行对象捕捉模式
ORTHO	F8	正交开关
OOPS		恢复删除的对象
PAN	p	实时平移
PLAN		显示指定用户坐标系的平面视图
PEDIT	pe	编辑多段线和三维多边形网格
PLINE	pl	创建二维多段线
PLOT	print	将图形打印到绘图仪、打印机或文件
POINT	po	创建点对象
POLYGON	pol	创建闭合的等边多段线
PREVIEW	pre	打印预览
PROPERTIES	ch	控制现有对象的特性(特性修改)
PURGE	pu	删除图形中未使用的命名项目,如块定义和图层
QSAVE		保存当前图形
QUIT	exit	退出 AutoCAD
RECTANG	rec	绘制矩形多段线
RECOVER		修复损坏的图形
REDO		撤销前面的 UNDO 或 U 命令的效果
REDRAW	r	刷新当前视口中的显示

续表

命 令	命令别名	功 能
REGEN	re	从当前视口重生成整个图形
ROTATE	ro	绕基点移动对象
SAVE		用当前或指定文件名保存图形
SAVEAS		以新文件名保存当前图形的副本
SAVETIME		设置自动存盘时间
SCALE	sc	在 X,Y,Z 方向按比例放大或缩小对象
SNAP	sn	规定光标按指定的间距移动
SOLID	so	创建实体填充的三角形和四边形
STYLE	st	创建、修改或设置命名文字样式
TEXT		创建单行文字对象
TRACE		创建等宽线
TRIM	tr	修剪对象
UNDO	u	撤销最近一次操作
UNITS	un	控制坐标和角度的显示格式并确定精度
WBLOCK	w	将对象或块写入新的图形文件
WMFOUT		将对象保存到 Windows 图元文件(. wmf)
XPLODE		将合成对象分解成它的部件对象
XATTACH	xa	将外部参照附着到当前图形
XLINE	xl	创建无限长的直线(构造线)
ZOOM	z	放大或缩小当前视口中对象的外观尺寸
ELEV		高度与厚度
VPOINT		指定视点
SURFTAB1		网格设置
SURFTAB2		网格设置
HIDE		消隐处理
AI-BOX		绘制立方体曲面
TABSURF		绘制直纹面
AI-WEOGE		绘制楔形曲面
AI-SPHERE		绘制球面
AI-DOME		绘制上半球面
AI-DISH		绘制下半球面

续表

命 令	命令别名	功 能
AI-CONE		绘制圆锥曲面
AI-TORUS		绘制环面
REVSURF		绘制旋转曲面
BOX		长方实心体
CONE		圆锥体
CYLINDER		圆柱体
SPHERE		球体
WEDGE		楔形体
TORUS		环形体曲面球
REVOLUE/REV		旋转体
UNION		求并集
INTERSECT		求交集
SUBTRACT		求差集
EXTRUDE		拉伸面
SLICE		剖切
3DARRAY		三维阵列
MIRROR3D		三维镜像
ROTATE3D		三维旋转
SHADE		着色
RENDER		渲染
LIGHT		光源设置
RMAT		材质设置
SETUV		贴图
BACKGROUND		背景操作
LSNEW		配景
FOG		雾化
SAVEIMG		图片输出

参考文献

［1］范幸义.建筑工程 CAD 实战教程［M］.武汉:武汉理工大学出版社,2009.

［2］甘民,范幸义,何培斌,等.建筑结构 CAD 设计与实例［M］.北京:化学工业出版社,2009.

［3］李益.建筑工程 CAD 制图［M］.北京:北京理工大学出版社,2012.

［4］吴银柱,吴丽萍.土木工程 CAD［M］.3 版.北京:高等教育出版社,2013.

［5］范幸义.建筑结构计算机辅助设计［M］.北京:北京理工大学出版社,2016.